高等院校摄影摄像丛书

# 短视频创作

编著　倪洋

上海人民美術出版社

# 前言

世界已经变了，媒体发布权不再只是紧紧攥在少数人和媒
体巨头手中。网络视频从传统媒体当中脱颖而出的核心特质没
变，那就是互联网是一个由受众创造和成就流行的世界。很多人
刚刚接触短视频平台时，都面对了"无法用常理解释"的混乱局面，
在短视频这个梦空间中，你能走多远，是观众滑下手指就能决定的事。
一些我不理解的视频却有几千万的播放量，而那些视频往往和我们之前灌
输的学院派视频美学标准格格不入。我甚至把一些软件装了又卸，卸了又装。
就在这个过程中，我慢慢理解短视频，这个强调自我表达以及自由创意的新
时代的产物，我开始思考：一个短视频如何流行起来？为什么一些视频创作
者有那么多粉丝？谁能让用户欲罢不能？短视频的推荐机制对播放量有何影
响？网络时代是否有新的视频法则，以适应新时代的观众？

人类一直通过不同的信息载体记录自己的情感与思考，先后出现了图腾、
壁画、音乐、语言、文字、影像等各种传播手段，而在互联网上，我们通
过文字、图片、GIF（动图）、视频等进行表达与记录，每一个时代都有自
己记录与分享信息的载体。本书前三章带我们走进了短视频的世界。当分
析了不同平台的各种推荐机制后，我们会发现真正的重点不是理解机器，
关注人性才是根本，因为所有算法最终都无限趋近于人性。

短视频的美学就是尽可能地去掉阻隔在屏幕与观众之间的所有障碍，
让观众和观众之间，观众和作品、创作者之间的交流畅通无阻。
那种零距离的感觉才是观众最想要的。本书的第四、第五章，
重点探索短视频的镜头语言与剪辑方式。视觉决定体验，
传统意义上的媒体人只有升级为"多元媒体人"，
既会摄影，又会编辑，同时还有创意，才能
在短视频领域占有一席之地。

短视频平台本身是不生产内容的，它只是分发内容，所以它要做的就是尽量让人们每天都停留在上面。我们可以在平台看到别人分享的感受，也可以分享自己的感受，拥有被关注的快乐。本书第六章提出了优化短视频的策略，从视觉的角度设计短视频的封面与标识，通过精心设计提高视频的点击率和观看量，吸引更多的用户留在平台，并享受被关注的快乐。

短视频的价值不一定体现在其内容之上，而在于这一新的传播方式为人们提供的新的互动方式。人们通过短视频的互动，不仅创造力提升了，互相之间的沟通层次也在加深，朝着更个性化的方向发展。本文第七章不仅介绍了超剪、混剪等技术，而且是从根本上分析和研究我们自己，以及我们所拥有的改变时代的力量。

优秀的内容创作者能传达信息、鼓励人、教育人、娱乐人，并建立起社区，像对待朋友那样对待网民，与网民亲切、平等地交流。本文第八章介绍了许多具有特色的案例，感谢这些短视频创作者，有的创作者通过视频，勇敢地向世人袒露自己的脆弱；有的创作者尽力表达最真实的自我，即使在一个社交虚拟化的时代。短视频创作者所做的一切对我们意义重大，所做的一切改变了我们的一切。

特别感谢编辑朱卫锋给我机会，让我们一起见证互联网技术迭代创造的机遇；感谢我的研究生赵婕为此书不遗余力地精心排版，为读者提供了更好的阅读体验；感谢周佳泓、徐颖辉、范启元、季建梅、申方舟和刘诗语设计的插图，她们的创意和设计使得书中的内容更加生动有趣，让我们一同在短视频的世界中翱翔吧！

# 目录

# （一）
# 短视频的世界

# （一）短视频的世界

> "在未来，每个人都有 15 分钟成名的机会。"
>
> ——安迪·沃霍尔（Andy Warhol）

21世纪初，以智能手机为代表的移动互联网终端如雨后春笋般出现，小屏影像消费时代正式到来。移动媒介也颠覆了生产者和消费者二元对立的身份间隔，消费者和生产者逐渐走向融合，人们可以在任何时空记录自己的所思所想，成为视听内容重要的生产者和发布者。安迪·沃霍尔口中的未来已经到来，在短视频世界里，我们不仅是旁观者，也可以是参与者。短视频可以是个放大镜，放大细节，创造无限可能。它还代表着这个时代的沟通交流方式；同时也在记录这个时代，因为它本身就构成了一个世界。在这个世界里，你的生命不再用脚步丈量，而是用你的眼界去衡量，几分钟的短视频就可以让你感受到人世间的酸甜苦辣。

# 1. 为何拍短视频?

自2013年起，秒拍、微视、美拍、快手等本土短视频 APP纷至沓来；2016年抖音上线，自媒体视频生产系列化，平台媒体生产规模化，短视频生产走向成熟。自2018年起，国内成年人花在移动媒体上的时间开始超过电视，中国正式迈入了"小屏时代"。据中国互联网络信息中心（CNNIC）发布的数据，截至2022年6月，我国短视频的用户规模增长明显，达9.62亿，较2021年12月增长2805万，占网民整体的91.5%。无论是具有游牧性的新生代，还是逐日重生的大龄代；无论是吟游诗人，还是本地土著；无论是人们熟知的大玩家，还是小众圈层的意见领袖（KOL），抑或仅仅是"吃瓜群众"……来自不同背景的受众在不同时空，乘着信息技术发展的东风，打破年龄、职业、地域的藩篱，成为短视频内容创作者。人们为何要拍短视频？（如图1）

图1：设计者为徐颖辉。徐颖辉在 2023 年 3—4 月调研了 385 份样本，设计了"爱上短视频的主要原因"信息图表。我们可以看出短视频创作的主要原因分布，其中"放松解压、缓解焦虑"与"获取感兴趣的话题与内容"是创作的主要动因，而"通过创作带来收益"占的人群比例最低。

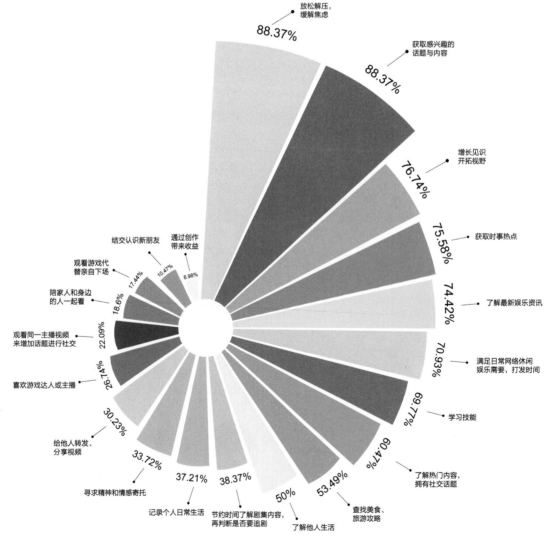

图1

随着生活和工作节奏的加快，人们的闲暇时间逐渐呈碎片化状态。很多时候，人们没有足够多的时间一次性看完一本书或一期综艺节目，不得不分多个时间段去看，这样不仅降低了效率，其体验也不是很理想。而短视频正好能解决内容太多、观看时间长的问题。短视频的播放时间一般只有几分钟，甚至更短，其内容正好符合信息碎片化的特点，所以它能快速流行起来。

有人说一张图片抵千言，福雷斯特研究公司的副总裁和首席分析师詹姆斯·麦奎维（James McQuivey）认为1分钟的视频内容相当于180万字。人们在通勤、排队，任何闲暇时间都可以捧着一块小小的屏幕低头"杀时间"。短视频对比文字，例如微博或公众号，是两种完全不同的体验，它有更多的维度，也更加立体。对任何有信息源、有梦想或想向世界传播信息的人来说，短视频都是有效的方式。（如图2）

对比长视频，短视频的制作成本很低，它的生产潜力得到了极大的激发。长视频的内容虽多，信息量虽大，可需要筛选，需要花精力判断哪些是有用的。长视频为了生存，不得不额外增加信息成本，打开一个 10 分钟的视频，先要看80 秒的广告，长视频辛辛苦苦建立了护城河，在短视频面前不堪一击。短视频能够胜出的核心是什么？是时间成本。它有更精准的算法，有更高效的展现方式，不用先放广告，帮助用户在最短的时间内获取信息。如今，几乎每个社交媒体平台都将短视频作为首选媒介。

图2：抖音短视频《你的最爱是谁？》利用拼贴插画的形式组合女孩的发型，来代表不同的短视频平台标志，展示了创新和艺术的结合。该视频吸引了观众的注意力，而一语双关"你的最爱是谁？"更是让人充满了好奇和期待。

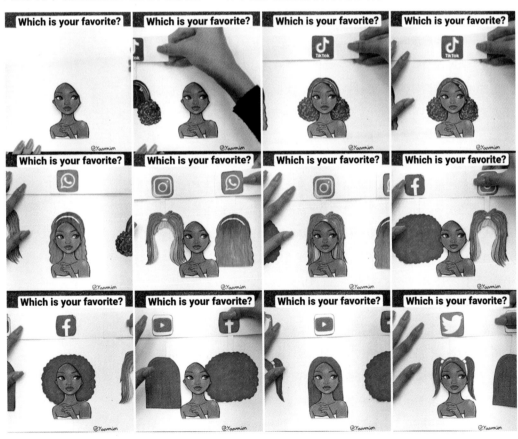

图2

# 2. 短视频的发展历程

短视频的发展不是单一、固定时长的，各个平台都有不同时长的视频。不同时长的视频内容混合，满足了用户多元化的视频需求。随着5G时代的到来，短视频不再受网络延迟、流量等问题的干扰。我们先来看看短视频的发展历程。

**(1) 探索期：各类短视频平台崛起**

随着移动互联网时代的到来，信息传播的碎片化和内容制作的低门槛促进了短视频的发展。2011年3月，北京快手科技有限公司推出一款叫"GIF快手"的产品，用来制作、分享GIF图片。2012年11月，"GIF快手"转型为短视频社区，改名为"快手"，但一开始并没有得到特别多的关注。

短视频诞生之初的2011年和2012年，它只是一种单纯展示内容的工具，受困于智能手机的普及度、网络资费高以及数字支付的便捷性等问题，短视频行业沉寂了许久。

2014年，随着智能手机的普及，短视频的拍摄与制作更加便捷，智能手机成为视频拍摄的利器，人们可以随时随地拍摄与制作短视频。无线网络技术逐渐成熟，人们通过手机拍摄，分享短视频成为一种流行文化。2014年，美拍、秒拍迅速崛起；2015年，快手也迎来了用户数量的大规模增长。

**(2) 成长期：短视频行业井喷式爆发**

2016年是短视频行业迎来井喷式爆发的一年。随着资本的涌入，各类短视频应用程序（APP）数量激增，用户的媒介使用习惯也逐渐形成，平台和用户对优质内容的需求不断增大。2016年9月，抖音上线，最初是一个面向年轻人的音乐短视频社区。

2017年，抖音进入迅速发展期；快手在2017年11月的日活跃用户数超过了1亿。伴随着更多独具特色的短视频应用程序的出现，短视频创作者纷纷涌入，短视频市场开始向精细化和垂直化发展。此时，主打新闻资讯的短视频平台开始出现并急速增长，出现了如《南方周末》的"南瓜视业"、《新京报》的"我们视频"、界面新闻的"箭厂"等。在短视频的成长期，内容价值成为支撑短视频行业持续发展的主要动力。

**(3) 成熟期：短视频行业发展回归理性**

云计算带来了大数据的精准推荐，帮助短视频进入了千家万户，成为这个时代争夺注意力的新的媒介形式。2018年，快手、抖音、美拍相继推出商业平台，短视频的产业链条逐步形成。平台方和内容方不断丰富细分，用户数量大增，同时商业化也成为短视频平台追逐的目标。以抖音、快手为代表的短视频平台月活跃用户环比增长出现了一定的下降，用户红利逐步减弱。如何在商业变现模式、内容审核、垂直领域、分发渠道等领域发展更为完善，成为短视频行业发展的新目标。

作为当前短视频市场的两强平台，抖音、快手的初始基因并不相同，抖音主打"年轻人的音乐短视频社区"，快手则定位为"普通人记录生活的社交平台"。但随着两平台不断扩张，平台间

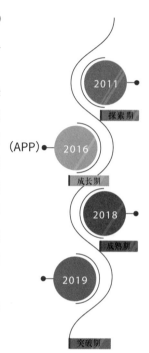

的差异逐步缩小。一方面，两平台均在持续推进内容生态多元化，加码直播、电商等领域，打造综合性平台。另一方面，抖音突围"下沉"市场，鼓励用户记录生活，并推出极速版应用，吸纳下沉市场；快手则"向上"破圈，尝试撕掉土味标签，引入优质内容，并牵手众多明星，向一、二线城市渗透。"南抖音、北快手"的格局被打破。随着短视频辐射更多的用户群体，短视频应用场景也在不断深化和扩展。

**（4）突破期：寻找短视频市场的蓝海**

随着5G技术的发展和AR（增强现实技术）、VR（虚拟现实技术）、无人机拍摄、全景技术等短视频拍摄技术的日益成熟及广泛应用，短视频为用户提供越来越好的视觉体验，有力地促进了短视频行业的发展。短视频用户规模持续扩容、用户构成日益多元化，用户平台分布集中化加速。人均常用平台数逐年递减，在用户经常使用的短视频平台中，抖音、快手仍占据两强，二者合计

覆盖占比已达75%。其中，抖音持续领先，而快手2019年开始业务全面加速跑，2020年常用用户比例增长迅猛，达42.6%，较2019年增长近一倍，与抖音的差距逐渐缩小。同时，随着两平台不断扩张，用户也在双向渗透和交融，抖音、快手的重合用户达到两平台用户总数的39.7%，抖音用户中近一半会常用快手，快手用户有七成常用抖音。较整体短视频用户，两平台重合用户中男性比例更高；30岁及以上用户占比更多；农村用户的比重也相对更高。

5G到来后，未来中视频会成为主流吗？中视频指的是3—5分钟甚至到10分钟的视频，中视频往往作为短视频的补充，长短视频的交织将更加密切，每一个平台都围绕自身的用户垂直深耕，利用5G带来的技术优势，寻找短视频市场的蓝海。图3展示了2023年第一季度视频达人视频发布时间与视频时长相较2022年第一季度的变化。

图3：灰豚数据显示新人和足部的达人在增多，意在吸收更多原本赛道外的新鲜流量，扩大流量池。视频发布时间在早上有所增加，但依然以下午和晚上为主。视频时长变化较大，1分钟以上视频数量增多，1分钟以下视频占比被压缩。抖音对其视频发布时长进行了三次扩容，从15秒到1分钟、5分钟，再到如今的15分钟。大幅度的时长调整对抖音平台来说，一方面能借此实现内容领域的多元化发展，丰富视频内涵；另一方面，通过提高视频长度，获取长视频观看用户，借此突破用户流量的瓶颈。

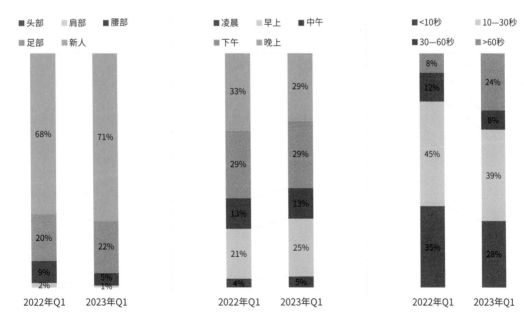

图3

# 3. 短视频的不同平台

每一个短视频平台在用户心中都有独一无二的定位。正因为定位的差异，才让不同平台拥有不可替代的价值优势。对创作者而言，了解平台是重要的第一步。我们先来了解三个主流短视频平台。

## （1）抖音

抖音通过精彩内容的汇聚，让每个人的创作能够成为热点，突出的认知是：有趣、很潮、年轻。抖音侧重的不是人，而是内容。它给予每个内容同等的曝光机会，只要你懂得内容创作，就可以得到算法推荐的青睐，能让越来越多的人喜欢你的内容，快速实现变成大V（50万以上粉丝的账号被称为网络大V）的愿望。在抖音平台上，用户喜爱的是精彩的优质内容，抖音不单单是一个短视频平台，还是国内互联网用户使用时长最多的APP之一。抖音的日活跃

图4：设计者为徐颖辉，展示了2023年3—6月抖音头部KOL粉丝数据分布图，数据来源为巨量算数。

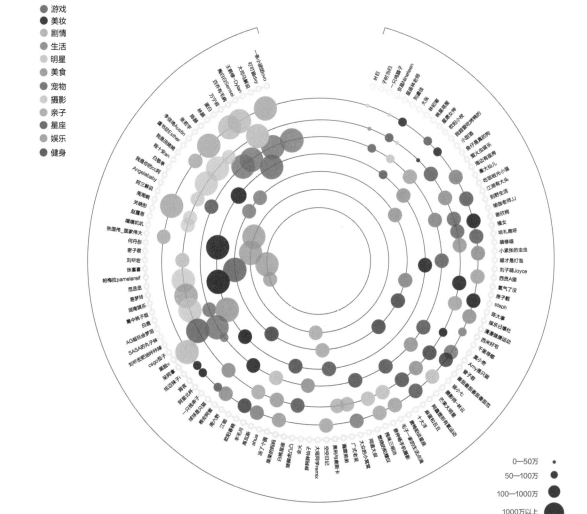

图4

用户数已经突破6亿，成为继微信之后中国移动互联网成长最快的产品之一。抖音的变现的方式也日益完善，粉丝和变现环节是打通的，短视频直播时你看到喜欢的可以直接购买，路径极短。（如图4）

### （2）快手

快手平台侧重社区打造，着力通过短视频内容构建人与人的社交关系，快手主推真实生活的分享与记录，面对的是普通大众；快手不会因为先来后到，或者粉丝多少刻意对待，每个人来到这个平台，在获取用户注意力方面都是平等的。目前快手的日活跃用户数是3亿，它的用户是相对下沉的，变现能力稍弱一些。

### （3）B站（哔哩哔哩）

B站不仅是一家综合视频平台，还是现代年轻人聚集的文化社区，更是侧重视频内容的兴趣平台。B站最早依靠的是年轻人对二次元的兴趣，之后渐渐以视频为契机吸引了更多年轻用户群体，成为这些人心目中的精神家园。B站将一些文字领域的创作者转变成短视频创作达人，成为各个行业的短视频知识方案的提供者，让知识从文字时代过渡到视频时代，让每一个创作者通过自己的内容输出，收获精神与经济双重价值。用户可通过"一键三连"在B站长按点赞键同时对作品点赞、投币、收藏。目前B站的日活跃用户数是6000万，用户年龄偏小，付费能力不足，变现效率低，变现方式相对单一。

### （4）不同平台的差异化

这三个平台快速发展的背后都利用了各自的核心优势，紧紧抓住了用户的注意力，继而围绕不同的主打业务模式，实现各自的快速成长。（如图5）每

图5：2023年周佳泓比较了不同平台上传短视频的时间限制，电脑端与手机端上传短视频格式存在着差异，不同颜色代表了不同平台，数据显示B站上传视频的时间限制上限最高。插图设计：周佳泓。

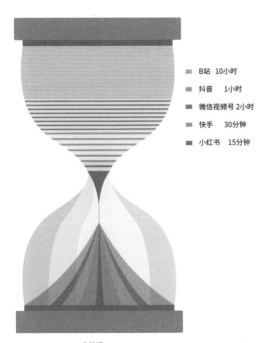

B站　10小时
抖音　1小时
微信视频号　2小时
快手　30分钟
小红书　15分钟

**电脑端**

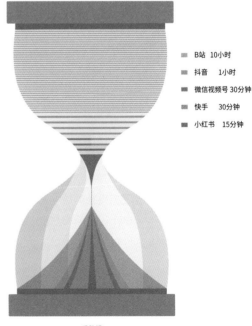

B站　10小时
抖音　1小时
微信视频号　30分钟
快手　30分钟
小红书　15分钟

**手机端**

图5

个社交媒体平台都有其独特之处。你不能用一把钥匙开几把不同的锁。

看抖音像是在看一台晚会，里面的内容都很精彩，用户可以在下面点赞、评论；而快手更像一个市场，它强调每个人都去寻找，去找到属于自己的归属感。抖音的流量高峰期在晚上8点到11点，而快手流量高峰期主要从晚上6点到9点。从用户群体来讲，抖音的女性用户偏多，快手的男女用户比例达到54：46。快手用户更侧重于有趣和接地气这两个标签。从影响用户下载渠道看，社交网络和熟人推荐是快手和抖音最重要的新用户来源。相较于快手，抖音的社交网络拉新比例更高。饭后和睡前是快手和抖音用户最多使用的。B站以知识化的形态展现自己的特长与才华，是围绕某个主题进行深度创作的短视频平台。

在快手上，机器给予推荐的方式则是依据用户喜好、社交属性给予均等推荐，不会像抖音上的热门内容一直滚动下去，而是给每个人一样的曝光量，吸引更多的目标受众。可以说，抖音更侧重"内容"，快手更倾向"人"；抖音看重的是观看的用户，快手侧重的是普通创作者。B站的分发机制则更多依据用户兴趣、粉丝关系、互动频度区分对待，让用户在平台上可以找到自己感兴趣的UP主和圈子，找到志同道合的朋友。

日活跃用户数5亿的微信视频号是一套平行于公众号和个人微信号的内容平台。我们刷视频号，是因为刷微信的时候顺便看看视频号，如果没有微信，我们并不会专门刷视频号，视频号最大的价值是私域。

还有小红书、全民小视频、火山、微视等短视频平台也在积极发展，争夺市场份额。这些平台通过不断推出新功能、改进用户体验和加强商业合作，力图吸引更多的用户和创作者。但都面临同样的问题，创作者在选择短视频平台发布作品时通常会优先选择流量大的平台，这是因为大平台拥有更多的用户和更高的曝光度，能够带来更多的关注、点赞和分享，从而增加作品被观众发现和传播的机会。当创作者更新作品时，为了扩大作品的曝光范围，他们会选择在多个平台同步发布。比如，如果一个创作者已经更新了抖音上的作品，他可能会顺便更新一下小红书，以便能够吸引更多关注他的人群，并增加作品在不同平台上的传播效果。

如今短视频平台不断开发新的功能和工具，不断提升视频质量、增加特效和滤镜选项、推出挑战和潮流标签等。平台之间的竞争促使它们不断创新，提供更多吸引人的特色功能。平台通过提供付费礼物、虚拟货币等方式实现商业化变现，同时为创作者提供更多的收入来源。同时在商业化方面展开激烈竞争，它们与广告主、品牌和明星签署合作协议，推出产品推广和直播带货等营销活动。（如图6、图7）

图6、7：2023年周佳泓比较了不同平台上传短视频的大小、分辨率限制与格式，电脑端与手机端上传短视频格式存在的差异。不同颜色代表了不同平台，数据显示抖音可上传的视频大小上限较高，微信视频号上传的视频大小上限较低。插图设计：周佳泓。

**上传视频格式对比（电脑端）**

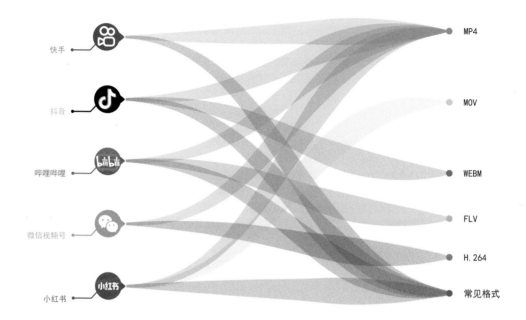

**上传视频格式对比（手机端）**

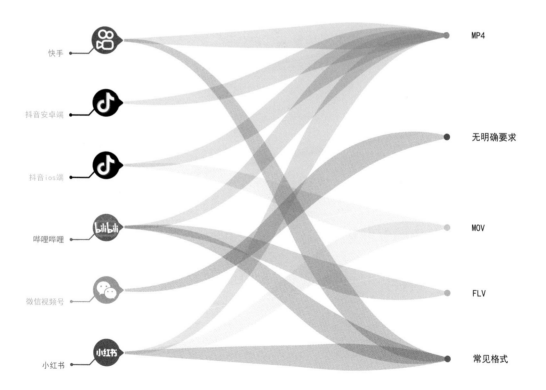

*数据来源：各平台创作者中心　数据收集时间：2023-03-07—2023-5-16

图6

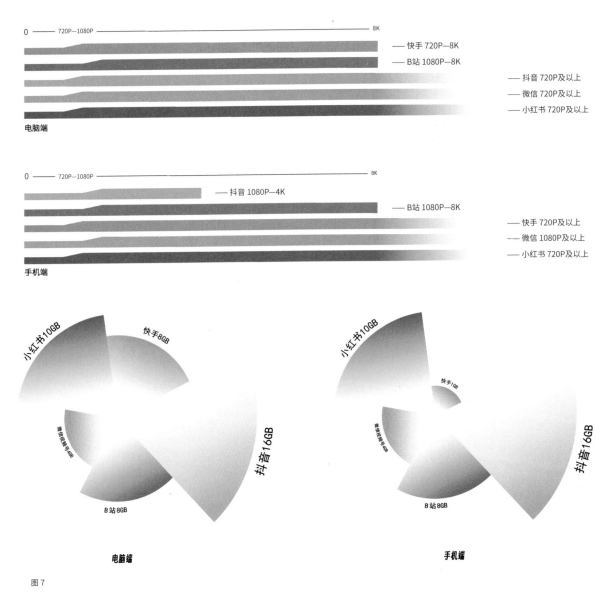

图 7

# 4. 从用户生成到专业创作

在短视频创作生态系统中，创作者面临着众多选择和发展路径。我们将探讨 UGC 与 PGC、MCN 机构、拍客体系这几个概念，通过了解这些不同维度的内容创作方式，更好地理解创作者在互联网时代的选择与发展，并为自己的创作之路做出明智的决策。

## （1）UGC 与 PGC

UGC（User Generated Content）指用户生成内容。UGC 的概念最早起源于互联网领域，即用户将自己原创的内容通过互联网平台进行展示或提供给其他用户。这些内容通常是个人用户使用手机或其他录制设备进行拍摄，然后在短视频平台上分享和传播。UGC 内容具有较高的用户参与度和真实性，展示了个体的观点、技能、经历等，通常具有更多的情感和个人化特色。

PGC（Professionally Generated Content）指由专业团队或机构制作的内容。PGC 视频内容通常具有更高的制作质量和专业性，包括剧集、综艺节目、纪录片等。这些内容往往由专业演员、导演和制作团队合作完成，并且经过专业的后期制作和编辑处理。PGC 内容更注重专业性和视听效果，以提供更具娱乐性和吸引力的观看体验。

UGC 和 PGC 在短视频平台中承担不同的作用。UGC 内容可以反映普通用户的创意和生活，让用户在平台上分享自己的经历和才华。PGC 内容则更专业、高质量，能够吸引更广泛的观众，并满足用户对精彩内容的需求。越来越多的 UGC 用户都在转变为 PGC 内容提供者，希望以专业、深耕的态度获得越来越多用户的喜爱。UGC 和 PGC 相辅相成，共同构建了丰富多样的短视频内容生态。

## （2）MCN 机构

MCN（Multi-Channel Network）机构是指多频道网络机构，是在短视频平台上进行创作和内容运营的一种组织形式。MCN 机构为优秀的内容创作者提供专业的支持和服务，帮助他们在短视频平台上实现更好的成长和商业价值。MCN 机构与创作者之间通常会签订合作协议，明确双方的权益和责任，包括分成比例、合约期限、知识产权等方面的规定。创作者可以在 MCN 机构的支持下专注于创作，并从中获得更多的机会和收益。同时，MCN 机构也从创作者的成功中获得一定的回报。MCN 机构可以涵盖各种类型的内容创作者，包括 UGC 创作者与 PGC 创作者。

与个体小作坊式生产内容不同，MCN 机构在内容生产初期进行"撒网式网红孵化"。在大流量的资源曝光与扶持下，MCN 机构筛选出增长迅速、具有充分流量变现潜力的创作者深入扶植，根据爆款内容进行打造，根据对算法与垂类的商业数据分析，不断调整创作者的内容方向，完成市场化运作。在

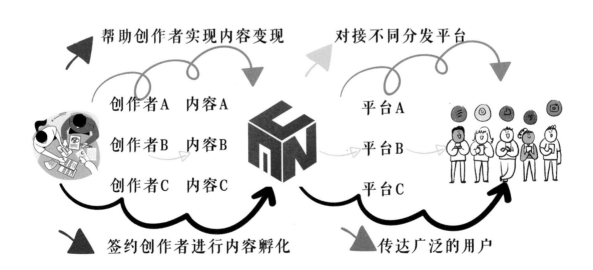

平台的流量扶持与资本的推动下，MCN机构占有大量平台流量资源，收编了大量创作者及其账号，完成了短视频工业化再生产。短视频行业的"二八效应"非常明显，20%的头部创作者占据80%的流量。

大量内容创作者与参与者淹没在长尾中。经济学中的"长尾理论"认为，在互联网时代，市场不再仅集中在少数热门的主流产品或服务上，而是由一大批长尾产品或服务所组成，它们的市场规模虽然各自较小，但总体上占据了很大比例。短视频的长尾创作涉及的领域可能比较特定、独特或小众，它们的受众可能是某一特定兴趣群体或目标人群。这类创作者的创作数量可能相对较少，或者创作频率不如热门创作者那么高。对长尾创作者而言，变现的可能性与上升空间的窄化迫使其转向依靠MCN机构，这已经成为创作者发展的结构性困境。

**（3）拍客体系**

拍客是指通过摄影、摄像等方式记录和分享生活、经历、见闻等内容的人。拍客可以使用各种不同的摄影设备，如相机、手机、无人机等来创作独特的影像作品。不同类别的拍客提供不同类型的素材。

·草根拍客：草根拍客是拍客中最广大的群体，他们遍布城市和乡村，来自公司和校园，他们会挖掘草根的社会故事。比如300万名蜂鸟配送员以"饿了么小哥"的身份，整体加入梨视频拍客平台，并享有拍客的各项权益。

·专业拍客：非常专业的国际内容往往由专业拍客生产的。这些专业拍摄者很多是自由撰稿人或是自由摄影师。专业拍客生产的素材，保证了视频能够输出好品相的内容。

·机构拍客：机构拍客可以是专业的视频拍摄机构（比如新闻通讯社），也可能与MCN机构合作，获得更多的资源支持和商业机会，帮助拍客们扩大影响力并实现商业化发展。

在前短视频时代，很多互联网公司特别是视频互联网公司，就开始培养自己的拍客体系。优酷、土豆、腾讯等都在运营属于自己的拍客团队，但拍客并没有成为主流，没有占据用户视野的中心，一直处于一个不温不火的状态。各家视频网站将拍客体系视为对头部流量内容的补充，属于互联网视频的长尾内容，并不指望通过拍客体系生产出流量极高的内容。

随着手机用户的上升，拍客相关的话题频繁地进入公众视野，拍客这一概念又被人们频繁提起。在视频创作过程中，前期拍摄的难度并不是很大，耗费的精力也不是很多。但后期的剪辑花的时间相对较多，专业门槛也比较高。拍客体系下编辑团队代替拍客对素材进行专业的剪辑，省掉了拍客的剪辑工序。此外，拍客体系还可以把商业力量和社会动员集中到一起，成为一个崭新的内容呈现方式。（如图8）

单纯的UGC和PGC都有各自弱点，未来资讯类爆款视频，一定来自集合普通拍摄者和专业制作者各自优点的某种制作体系，UGC和PGC融合的探索之路任重而道远。

图8：视频标题为《我们这两年：与五国孩子聊了聊疫情下的童年》。来自中国、印度、南非、新西兰、美国五个国家的11个孩子讲述了他们的疫情时光，和大人一样，他们拥有不同的经历。遍布全球的拍客体系带来了国际类视频生产成本的下降，同样的成本撬动了更多的资源和更广阔的人际网络。由此，处理信息的反应速度进一步提升，资讯内容的丰富性和多元性进一步加强。

图8

# 5. 短视频的传播特性

## (1) 广告与内容界限的打破

以往广告与内容泾渭分明，一目了然，但是为了争夺用户的注意力，短视频的内容打破了这一界限。它既可以给用户提供有价值的知识点，也可以帮助用户解决痛点。用户更关注你能带给他什么，而不会一刀切，认为广告就是广告，内容就是内容。这无疑降低了创作者商业变现的门槛。以往为了宣传产品你必须在特定的渠道、平台做展示，并不是所有人都具有这样的资本与实力，这对渺小的个人来说可望而不可即。短视频用户的注意力不单单放在一个内容上，而是所有的内容，所有展示构成了用户认知的需求。人们对于陌生领域充满好奇，有些人身处偏远山区，但是因为自身生活的独特性，对一些观众就构成了"生存信息差"。当创作者展示当地独特的商品时，用户会把内容放到认知中的好奇领域，而不是停留在广告购买层面。此时的注意力，并不只是吸引眼球，而是培育人与人之间的信任。短视频时代把内容作为连接器，让人与人之间有了信任，各种商业变现也就变得越来越简单。（如图9）

## (2) 垂直性

短视频的垂直性，是指一个短视频账号一直输出同一类内容，要求我们从账号定位、内容打造上都满足细分内容上的差异化。什么是垂直细分？垂直指纵向延伸，而不是横向扩展；细分则是在垂直行业板块里面，再挑选主要的业务进行深度发展。这一点对创作者和用

户而言，都是一项积极正向的反馈。只要服务好精准目标人群，平台就会创造巨大的价值。

假如我们今天做搞笑段子，明天创作美食视频，后天又展示健身视频，毫无疑问这就是一个没有垂直内容的视频创作者。垂直化是当今短视频行业发展的主要趋势，无论是知识类的节目，还是生活技巧类的小课堂，创作者都应明确自身定位，为观众制作出更多高品质、有营养的短视频节目，促进节目的长远发展。以美妆行业为例，美妆是一个垂直领域，该领域又可细分为美容护肤、彩妆、香水、美妆工具、美容美体仪器、器械等，细分类美妆短视频在短视频平台的播放量增长明显，也更易受到目标人群的关注。短视频的创作与创业如出一辙，要先找到一部分用户的垂直需求，并精耕细作，等到站稳脚跟后再继续深挖垂直用户的需求。当用户已经与我们形成信任与依赖关系时，才可以尝试向其他领域迈进。

## (3) 受众差异化需求

短视频的出现降低了创作门槛，让更多的人可以通过创作内容实现自我价值，成就个人梦想。降低创作门槛并不意味着内容质量的下降，反而让更多创作者更加垂直化、精细化耕耘，短视频不会因为目标群体小众而没人关注，反而因为受众精准而成为粉丝信赖的大咖。快手、抖音及B站上播放量高、点赞数量多、转发分享广的短视频，它们的背后都一个共性，即满足受众差异化需求。

图9：YouTube上的热门短视频《海上搁浅7天》（7 days stranded at sea）获得了1.5亿流量。这个视频展现了5位男士在海上搁浅7天的生活。视频中展示了他们的日常生活，包括如何收集食物和水，修补漏水的船舱，以及如何保持精神状态。随着时间的流逝，他们面临着食物和水的短缺，与孤独和空虚的斗争。同时，视频中巧妙地插播了几则小广告。在男士们渴望食物时播放了小零食的广告，给观众带来了轻松和幽默的感觉。广告与内容的界限被打破，观众在关注男士们故事情节的同时，也因广告的巧妙插入而产生了一种愉悦的体验。这种创新的方式给人带来了不同寻常的观看体验，并可能为其他视频内容与广告之间的结合提供了灵感。

图 9

受众差异化需求来自两个方面。第一，平台用户需求的差异化。短视频平台在从0到1时往往会先以特定人群的需求作为切入点，然后渐渐向外拓展形成规模效应，将一类用户拓展为全领域的人群。快手与抖音的下沉用户重合度不断增加，超过五成的B站用户也在刷抖音。而且，这个趋势越来越明

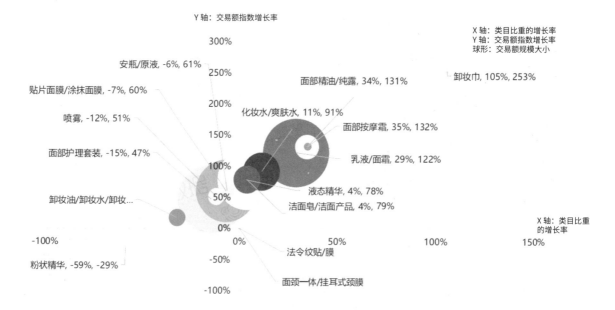

◆ 美妆行业视频趋势变化

图10

显。如今早就不是一个平台的受众用户三、四线城市居多，另一个平台的用户只是一、二线城市居多，还有一个平台只针对小众的兴趣用户。目前三家平台的耕作重点已经转变为如何满足差异化需求。第二，创作者的自我定位差异化。比如，旅行内容，可以主打文化体验旅行，可以展示各地的传统艺术，还可以呈现探险体验，也可以观察野生动物……每位创作者找到一个独特而可持续发展的创作方向，这样才能在用户心中建立起个人品牌，并吸引忠实的观众群体。创作者的自我定位差异化会让自己成为用户心中认定的"个人品牌"，以此避免选择相同内容的创作者。（如图10）

### （4）媒体性与社交性

短视频作为媒体，通过影像、声音和文字等元素将信息传递给观众，具有社交性、媒体性与多样化内容。社交性指的是短视频所具备的社交交流和互动的特点。媒体性吸引了观众的注意力，激发了他们的兴趣，并通过传播有价值的内容吸引更多的观众加入社交平台中。社交性则为观众提供了参与和互动的机会，使观众更主动地参与到内容的创作、分享和讨论中，从而增加了短视频平台的活跃度和用户黏性。媒体性和社交性的结合使得短视频平台成为一个媒介与社交交流相结合的综合平台，带给用户丰富多样的视听体验，并促进了用户之间的互动和社群的形成。（如图11）

图 10：我们发现面部护肤类主题就可以细分出若干种类，下图展示了美妆行业视频板块的增长趋势，随着达人数和发布内容数量的增多，短视频数量一路直升，在 2023年前 3 个月实现高峰转化，销售额正向增长。

图11：此图列举了各类视频APP。X轴代表的是社交性，越往右即社交性越强、社交程度越高，代表用户之间的互动性就越强；Y轴代表的是媒体性，Y轴的数值越高，代表媒体性越强，即可以更快、更迅速地获取资讯以及相关权威信息。从长视频类APP看起，我们发现爱奇艺、腾讯这些长视频APP都出现在了图表的左上方，代表着它们的媒体性都很高，但是社交性很低。而短视频平台则兼顾了媒体行与社交性。

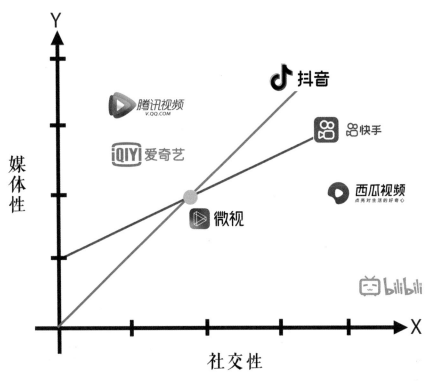

图 11

# 6. 短视频的平台推荐机制

## （1）"在线定律"

"在线定律"是阿里云创始人王坚提出来的理论，他说一个事物是否符合未来发展趋势，就是要看它是否在线，主要有三点。第一，每一个比特都在互联网上。比特，可以理解成所说的对象，就是事物最终状态一定要在线，只要在线就能够跟万物产生联系，而互联网就是在线的基础。第二，每一个比特都可以在互联网上流动。比如我们使用的杯子通过二维码进入在线系统后，就可以跟踪它的信息。这个杯子每天被使用了多少次，谁使用了，是用它喝水，还是喝咖啡。这就是数据，而且数据是流动的，可以被需要它们的人收集。第三，比特所代表的每个对象都可以在互联网上被计算。数据的价值是流通，大数据的本质是在线，而且是双向在线。对数据的计算只有在线才是最划算的，计算是在线的核心。

"在线定律"强调了在线世界与离线世界的融合，而短视频正是在线平台上的一种创作形式。通过短视频平台，创作者可以将自己的作品在线展示给观众，实现线上线下的无缝连接。创作者可以将线下的生活经历、故事情节等素材进行数字化处理，并通过短视频形式传达给观众。同时"在线定律"鼓励创新技术的应用和数字化转型，而短视频平台正是数字化技术在媒体领域的一种应用。（如图12）

近年来，算法融入信息传播，带来了传播的深刻变革。在移动互联网的传播中，算法主导信息分发。算法分发成为中国移动互联网信息分发的主流。算法分发是指基于大数据和人工智能技术，通过算法模型，进行信息与用户匹配的信息分发系统。一方面，作为先进技术，算法分发有效应对了移动互联网海量信息超载带来的分发危机，个性化

图12：热爱种植的男生把自己播种、浇水、收获的实时过程与观众分享，观众可以通过点赞、评论、分享等方式与创作者互动，同时也可以与其他观众进行讨论和交流。这种互动共生的体验使得短视频的创作更加丰富、多样化，同时也增强了创作者与观众之间的互动性。

图12

推荐打破千人一面的分发格局，优化了生产和消费的资源配置效率，实现信息价值的充分利用；另一方面，算法是权力。技术是社会的重要隐性权力，技术作为一种生产方式，也是控制和支配的工具。创作之前，短视频创作者只有懂得各个平台的分发机制，才能根据自身定位找到适合发展的平台。同时，创作者也可以了解机器的推荐原理，明确创作方向，让自己少走一些弯路。站在用户的角度说，识别流程就是通过内容标签的选择找到喜爱的创作者与内容，通过自己对作品的评论、分享、点赞与停留的时长等行为，让机器推荐更多自己喜爱的内容。站在创作者的角度来说，我们在发布内容时要选对分类标签、文字标题中的关键词、话题标题、视频封面等，让机器快速识别内容并匹配给喜爱这些内容的用户。受欢迎的短视频内容都懂得站在机器的角度理解推荐机制和用户。

## （2）"成瘾模型"

短视频的推荐系统设计很"人性化"，有时它比你更知道你喜欢什么，也更知道怎样让你上瘾，让你欲罢不能。美国著名心理学家尼尔·埃亚尔（Nir Eyal）在他的著作《上瘾》中提出了"成瘾模型"，这个模型让你成瘾只需要四个步骤：触发、行动、多变的奖励、激发投入。我们就按照这个模型来看看短视频是怎样让人欲罢不能的。

很多人点开短视频平台已经成为习惯性、下意识的动作。在无聊的时候，人们打开短视频平台已经成为习惯，而这种习惯就是成瘾的第一步"触发"。点开之后我们就会自觉"行动"，对短视频进行选择性的筛选：看到喜欢的内容会浏览、点赞甚至留言；而对于不喜欢的内容则快速滑过，甚至会直接设置为"不感兴趣"。在"行动"这个环节，我们不停选择，不停观看，渐渐地选出我们真正感兴趣的短视频内容。（如图13）

图 13：我们不放弃任何打开短视频的机会，通勤时习惯性打开，等朋友时习惯性打开，在餐厅等位置时习惯性打开。

图 13

接下来就是"奖励"环节。这种"奖励"是在上一步"行动"中所获得的，奖励的形式可能不尽相同，可能让你获得某些启发，或让你开怀大笑，也可能让你获得某种感动。短视频的时长通常为15秒到1分钟，这种奖励是即时性、快速性的，在短暂的时间内给你奖励，效果十分显著。在上瘾的过程中，"奖励"是最关键的环节，这个奖励是使用户继续刷下去并不知疲惫的动力。获得多种形式的奖励之后会刺激你"激发投入"，想尽快地去寻找下一个奖励，获得下一份开心，这是一个非常完美的闭环。那么"奖励"环节刷到的视频都是随机出现的吗？不是！这么关键的环节当然是精心设计过的。如今各个平台的运营规则早就告别了以人工为主导、机器审核为辅助的年代，而是以机器推荐为主导、人工审核为辅助。算法推荐的诞生，摆脱了少数人主观的喜好，将用户生产的内容精准匹配给每一个对应的用户群体，让用户找到喜爱的内容后把更多的时间留在相关内容上。

### （3）算法模式

短视频的本质是一场注意力经济，算法就是将用户的注意力分配给创作者，不过每个平台分配注意力的机制不一样。在短视频创作中，编程思维就是要懂得平台的"分发机制"和"识别流程"，站在机器的角度创作内容，理解机器的工作流程，这是热门视频受欢迎的底层逻辑。分发机制指的是不同平台对于内容推荐的一套算法模式。

快手的算法往往会根据视频内容的标题、封面、各种标签（描述、话题、

活动等）打上"内容标签"，接着再根据用户在平台上的各种行为产生"用户标签"，然后再进行算法匹配，让每个内容找到匹配的用户，让用户找到感兴趣的内容。快手注重社区化打造，希望通过展示每一个用户的生活，寻找彼此的兴趣、信任以及陪伴，以短视频为信息载体，让彼此以互动的方式缔结紧密的关系。所以，在快手上让更多的人看到内容不是目的，通过内容建立亲密关系才是目的。快手不会只向你推荐你感兴趣的内容，在让你走出"信息茧房"的同时，可以通过多样化的内容结交更多志同道合的朋友。站在快手算法推荐的角度谈创作，我们一定要让自己成为一个"真实"的人。所谓真实，就是将用户当作生活中的朋友，向他们讲述自己的生活，传递可以帮助对方的价值，从而成为对方最值得信赖的人。

抖音的算法推荐与快手完全不一样。在抖音上，机器会将新内容推荐给一小部分用户。如果反馈良好，则会加速把内容加入更大的流量池，吸引更多的注意力。换句话说，只要能够达到机器衡量的各种指标——完播率、点赞量、评论量等，就可以让作品成为热门内容。抖音的算法推荐更加看重内容的优劣与受欢迎程度。它是典型的赛马机制，对于所有创作者的内容会给予初始基础流量的扶持。视频内容在完成转发、评论、点赞、关注等数据指标后，会进入下一轮更大的流量池。如果各项数据依然出色，内容会再次滚动到更大的流量池，以此类推。于是，受欢迎的内容更受欢迎，最终登顶成为爆款。

可以说，抖音的推荐机制就是站在内容分发的角度，以用户对视频内容的表现判断是否将其推入更大的流量池。对创作者而言，在抖音上创作内容，更要关注内容数据的优劣，有针对性地提升算法衡量的各项数据指标，进而让自己的作品向爆款方向进发。抖音的算法推荐模式，以内容为推荐前提，给予每个创作者公平竞争的机会，只要作品足够优质、受欢迎，就可以成为爆款。（如图14）

我们接着再来看看B站的算法推荐以及背后的生态圈。如果说快手的算法推荐以人为主导，抖音的算法推荐以内容为主导，那么B站则以标签为主导，打通平台内内容与用户的沟通机制。在电脑端的B站上，首页推荐上分布了动画、音乐、舞蹈、知识、生活等众多一级导航区。如果点开其中一个分类栏，下面还会细分更多垂直类的标签。在手机端的B站上也是同样的逻辑。点开首页上的"影视"分类栏，下面还会细分纪录片、电影、电视剧、综艺等。如果点开"电视剧"一栏，还会细分为主题片单、热门榜单、俱乐部、找电视剧。当我们接着再次点开"找电视剧"一栏时，则是更加细致的分类，如国别、时间、类别、付费、免费等。B站通过细分标签的方式让创作者的内容精准触达每一个用户，这可以理解为静态数据。动态数据则是视频内容的权重，比如收藏、弹幕、评论、播放、点赞和分享。用户则是在一次次的标签选择中，让机器更加了解自己，向自己推荐感兴趣的内容与创作者。

图14：当我们的短视频传递出了自己的价值观，也会吸引到同样有追求、有能力的人。每一位视频创作者的创作之路都是从0到1不断迭代、升级的过程，这个过程需要依靠各个平台的各项数据作为参考。抖音第一次推荐根据账号权重分配200—500次播放量，被推荐作品数据反馈较好（有播放量10%左右点赞和几条评论以及60%完播率）平台会判定内容比较受欢迎，便会给到第二次推荐。第二次大概推荐3000次播放量。第二次反馈较好（点赞高于100，评论高于10），平台会推荐第三次，第三次就是上万流量，以此类推。热门作品是以大数据算法结合人工审核的机制，衡量是否可以上热门榜。

第八次推荐：3000万左右播放量
第七次推荐：1000万左右播放量
第六次推荐：500万左右播放量
第五次推荐：50万左右播放量
第四次推荐：10万左右播放量
第三次推荐：1.5万左右播放量
第二次推荐：3000左右播放量
第一次推荐：300左右播放量

图14

### （4）判断爆款的维度

短视频是否火爆，我们可以从两个维度来判断。

第一是在平台甚至整个社会是否有很大的反响。这种反响通常最先体现为播放量有多少，点赞量达到多少，有多少条留言，互动区的哪些留言单条点赞数较高。通常来说，在抖音、快手上能有几百万、几千万赞的视频都可称为爆款视频。

第二是对于刚起步的内容创作者来说的，可能只有几万的粉丝，平时的作品只有几千或几万赞，但突然有个视频获得了高达几十万、上百万赞，那么这个视频对创作者来说，可以说是一个爆款。分析短视频的数据，可以看播放量，看是否被推到了更大的流量池。可以看完播率和退出率，如果完播率高，那说明内容可以留住用户粉丝；如果退出率高，那就说明内容还不够吸引粉丝，可能是画面的问题，也可能是文案的问题，或者是标题和视频内容不符。看平均播放时长，这样就可以知道用户退出视频的时间点，比如一个1分钟视频，平均播放时长20秒，那就需要我们分析0—15秒这段区间的内容是否还不能抓住用户。

有时发布同样的内容，第一次发布时点赞量和转发量都很少，只有区区几百，但第二次发布火了，点赞量上百万，这是为什么呢？我们刚才提到视频能不能火是要经过一个又一个池子的，如果视频在前面池子的反馈不好是不会进入下一个池子里的。而重新发一遍视频依旧是这个过程，但是看这条视频的用户变了，因为每次平台"试水"都会推给不同的用户。所以很可能因为第一次推送的用户不太喜欢其中的内容，但是第二次推送的用户都很喜欢，一个池子接一个池子地晋级，最终这条视频火了。

快手强调的是弱管控，属于人找信息的一个过程。快手给用户更多自由的空间，可以自由寻找自己真正喜欢的社群。抖音的模式强调中心化，以它的算法为核心，希望大家看到更多火的视频，它更强调内容；而快手则是去中心化，更多强调每个人的主观意识，更加强调人的价值，这也是抖音可以造就很多现象级网红，而快手的粉丝量更值钱的原因。

为了避免过度的推荐偏好和信息茧房，算法应该保持一定程度上的多样性和多元化，鼓励展示各种类型的短视频作品，包括不同风格、不同主题、不同创作者的作品，同时也要给予新兴或边缘创作者一定的曝光机会，提供更广泛的选择，促进创作者间的竞争，同时让用户有更丰富的观看体验，不陷入信息的单一化。所有的算法都要回归人性，短视频平台推荐机制的算法是一个连接器，它连接创作者和用户，它本身不生产内容，算法的目的是维持整个生态系统的良性发展，算法越优，生态系统的活力就越高，这样才能促进创作者的创作动力，同时保护用户权益和社会公共利益。（如图15）

图15：动画短视频展示了一位设计师如何利用软件绘制动画，在短视频平台分享的过程。动画小人在 AI 软件制作完原型后过渡到 AE 软件动了起来，随后进入短视频平台分享，看到没人关注，动画小人伤心痛哭，平台中的绿衣动画小人点赞安慰，两人成了好友。2分钟的短片把短视频从制作、发布到反馈的全过程生动演绎出来。

图 15

# （二）
## 精准定位：拥有善于发现的眼睛

1.选好话题，找准定位

2.选择门槛，锁定受众

3.打造个人IP，点石成金

4.利用SWOT分析法，寻找
自我表达的新语言

# （二）精准定位：拥有善于发现的眼睛

从结果开始，倒着实现梦想。

——韦恩·戴尔（Wayne Dyer）

创作者饱和？

在未来几年里，全世界将会有 30 亿到 50 亿的新网民。视频观众在不断增加，放心，有你的位置！

资金不足？

只要有网，只要有部手机，你就可以用它拍摄、剪辑、上传视频，根本不需要复杂、昂贵的设备。

天赋过人？

重要的是为观众创造真实的价值。如果能做到这一点，你就能成功。

足够的时间？

一周只需要几个小时，持续更新内容，你就可以成功运营频道。

足够的人脉？

创作能力和优质内容是最基础、最重要的。

# 1. 选好话题，找准定位

你永远不会有第二次机会再造第一印象。

——威尔·罗杰斯（Will Rogers）

如今我们只要动动手指，数以百万计的视频便触手可及。在社交媒体和娱乐产品无所不在的视频时代，短视频想要出类拔萃必须具有独特性。当可供欣赏的娱乐作品数量不断增长时，创新的标准便提高了。那些令人称奇、具有独特性的视频，尽管内容不尽相同，但都包含一个共同的模式：至少有一个核心元素是我们未曾见过或不熟悉的。这些陌生元素或使我们震惊，或能解答我们内心长久以来的疑惑，激发我们的好奇心，改变我们的认知，并强烈地引导着我们与他人分享这一经验。如何让好选题源源不断涌现？我们可以从三个方向着手：找痛点，找盲区，找泛话题。

痛点可以是各种形式的问题或困扰，可以是消费者在购买产品时遇到的困难，也可以是用户在使用某项服务时遇到的障碍，甚至可以是市场上某个行业的共同问题。了解短视频的痛点，也是为观众解决问题。人们普遍面临时间紧迫和缺乏烹饪经验的问题，想要尝试新菜谱却不知从何开始，怎么样将复杂的食谱化繁为简，为忙碌的人们提供快速、易于理解和实践的解决方案？人们想要进行健身锻炼但不知道如何开始，缺乏时间和专业指导，如何提供简单、易于理解的锻炼指南，展示正确的动作和姿势，并提供快速有效的锻炼方案，帮助人们在家中或工作间隙进行健身？

有的创作者主打旅游短视频拍摄，面对的人群是普通的上班族。通过人群细分切入法，创作者发现上班族时间不自由、没有太多旅游费用可支配等问题，因此创作的短视频内容就是少花钱、所用时间不多的旅行攻略。以目标人群场景化的需求作为切入点，非常受欢迎。这就是找到了痛点。

找盲区是什么呢？盲区指的是在某个领域或主题上存在的知识或理解的空白或不足之处。它可以表示人们对某个主题缺乏了解或注意力，或者是该领域中尚未被充分探索的方面。盲区可能是由于人们的局限性、文化差异或信息获取的不充分导致的。在创作短视频时，发现并利用盲区意味着找到那些目前尚未被广泛涉及或分享的主题或内容，从而使自己的作品与众不同。通过填补这些盲区，你可以为观众提供新鲜、有趣且有价值的信息，同时展示自己的创意和专业知识。短视频创作中可以展示如何使用日常物品创造出特殊的视觉效果。例如，你可以利用透明胶带制作简易的迷彩滤镜，或者用塑料袋制作出模糊效果。这些有创意的拍摄技巧的展示，填补了观众对于利用日常物品进行特效拍摄的知识空缺，同时也提供了一个新奇的创意方向。很多人对自己所在地附近的独特景点并不了解，你可以选择当地少为人知的风景点或者特色建筑进行

拍摄，并加入一些有趣的讲解，通过展示这些不常关注的地理位置，填补观众对于当地风景的认知盲区，同时唤起观众对于身边环境的兴趣。许多传统的手工艺技巧正逐渐被人们遗忘，你可以制作关于隐藏的手工艺技巧的短视频，如编织特殊的篮子、制作古老的陶瓷工艺品等。这些传统手工艺的技巧和过程的展示，填补了观众对于传统手工艺的了

解空白，并激发了观众对于传统文化的兴趣。（如图1）

泛话题指的是广泛适用、普遍受众关注的话题。这样的话题可以吸引更多人的注意力，增加短视频的观看和分享量。例如分享实用的生活小贴士，如烹饪技巧、清洁妙招、时间管理等，这些话题对于日常生活中的许多人都有帮助；探讨改善人际关系、提高沟通技巧、

图1：凯尔·纳特（Kyle Nutt）用短视频展示了如何用普通的手机拍摄史诗级的艺术照片，视频里并没有介绍复杂的道具设计、专业的摄影灯光，而是讨论了拍摄的角度，场地的选择，让我们感受到普通人也可能创作这样的作品，拉近了观众的距离。最后展示了简易的灯光装置，也为短视频的更新注入了新的话题。

图1

分享压力管理的方法，这些话题备受关注，人们越来越关心身体健康和良好的生活方式。泛话题一般都是长期存在的话题，而不是短暂流行的趋势。由于这些话题具有普遍性和广泛性，内容不受时效性的限制，创作者可以持续地创作和分享相关的视频，建立起观众的稳定关注，选择泛话题可以扩大潜在观众群体，吸引不同年龄、背景和兴趣爱好的观众，提高短视频的曝光度和传播范围。（如图 2）

有了好的话题，如何长久持续地输出？创作者不要试图用一件作品解决话题中所有的问题，每次只解决一个小问题，这样就可以延伸出更多的话题做更多的解析。而且同一个话题可以说得更透，因为我们在创作短视频时，观众的耐心是有限的，把一个话题拆成一个个

图2：马克·韦恩斯（Mark Wiens）在 YouTube 上的口号是"为美食而旅行"，马克·韦恩斯每周都会更新他的美食视频，除了美食之外，他会介绍城市的历史，他的美食视频充满了文化气息，用这样的泛话题吸引了千万的粉丝。

图2

小话题，每次解决一个问题，老问题带出新问题，话题自然就可以长久输出了。

一个健康可持续的账户，还得做好专业话题与泛话题之间的平衡。专业话题的优点是专业精准，它可以提升品牌的信任度；缺点是受众窄，传播受限，专业之外的人不感兴趣。泛话题的优点是传播范围广，很容易爆，编辑成本低；缺点是话题很多，专业度不足。泛话题的目的是最大程度覆盖用户，提升账户的基础权重。这两个话题倾向不一样的策略，在实际操作中它们是相辅相成的。短视频既需要专业话题提升品牌深度，又需要泛话题来涨粉，提升账号的权重。当账号权重高了之后，同样的专业话题，就可以触达更多的专业用户。

话题是基于热点和兴趣等内容形成的聚合产品，通常围绕一个主题收录视频并以"标签＋关键词"的形式呈现，如"＃关键词"。话题能够形成超链接，公众可以通过点击直接参与该话题的讨论。研究发现，短视频发布者在发布内容的过程中使用"标签＋关键词"的形式可以极大节约用户的信息搜索成本，帮助用户有目的地判断短视频的价值。话题标签与用户的信息转发行为有牢固的关系，即话题能够促进信息传播。抖音平台上传播较广的视频或多或少都会借助两到三个"＃"话题进行引流。例如，与戏剧有关的常见的"＃"话题有"弘扬戏曲文化""戏曲""国粹（传承）""戏剧""谁说戏曲不抖音"等，标题带"＃"话题会显著影响抖音短视频的传播效果。

## 2. 选择门槛，锁定受众

怎么选择创作的门槛呢？门槛不是越高越好，也不是越低越好，而是用稀缺的资源来实现最大化的收益。什么是高门槛？特效类的是高门槛，专业摄影机动辄上百万元，前期的成本起步就要3万多元。剧情类创作也是高门槛，需要有剧本、演员、摄像、灯光、后期。高门槛面临什么样的问题？首先开销很大，要带一个团队的人；其次品控很困难，团队每个人都必须有非常默契的配合；团队也会变得脆弱，有些人可能会离职，找新人过来就得磨合，会出现品控的问题。低门槛是什么呢？最低的门槛是不露脸的好物分享，图片加画外音。

低门槛的问题是什么？没有流量，好不容易有例外火了，涨了很多粉，就会面临被抄袭的困境。因为门槛很低，你这么做火，他也可以这么做，你的账号很快被淹没了，这就门槛低的问题。

什么是好的门槛？是那种不高不低，有难度，但又不是特别难，识别度高、边际成本低的。比如说口播，创作者可以源源不断地输出一个行业的干货，持续解决一些痛点。拍摄的过程当中可能要做一些环境的加持，比如说一个健身教程视频可以在专业的健身房或运动场地进行拍摄，环境中有各种健身器械和专业教练。通过展示这样的环境，观众可以更好地理解如何正确使用健身器材和进行锻炼，同时感受到专业教练的指导和激励。时尚博主会选择在购物中心、时尚街区或设计师品牌店进行拍摄。他们走在设计感强的店铺前或通过大型镜子映射出多角度的时尚效果，这种环境加持营造出梦幻的氛围，增加了观众对时尚产品的渴望和追求，以创造更好的观看体验和表达目的。

接下来就要明确创作内容的目标受众，进行精耕细作，有针对性地完善与更新。目标人群不是凭空想象出来的，而是真实存在且有实际需求的。具体可以采用问卷。（如图3）一旦锁定了受众，你就必须想好自己能为他们提供什么样的视频内容。多久更新一次？每周一次还是两次？还是一月一次？提供娱乐、教育、灵感、信息还是动力？如果你有20秒的时间向电梯里的一个陌生人推销你的短视频，你会怎么做呢？告诉他们可以期待什么，这个视频的受众是哪些人，他们为什么会感兴趣以及它为何有价值。

对于短视频创作新手，建议用三个月先看3000个视频，建立基础地图，创建整体概念。如同你去个陌生地方创业，首先需要在陌生的地方"浸泡"3个月，用脚一步一步丈量，感受每一寸

图3：在短视频的创作中，越是能发现目标受众的具象需求，越容易得到对方的喜爱，越可以少走创作弯路，让自己快速找到正确的切入点。

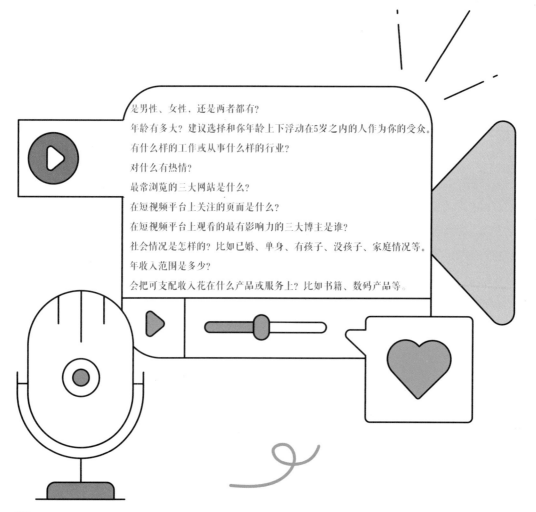

是男性、女性，还是两者都有？

年龄有多大？建议选择和你年龄上下浮动在5岁之内的人作为你的受众。

有什么样的工作或从事什么样的行业？

对什么有热情？

最常浏览的三大网站是什么？

在短视频平台上关注的页面是什么？

在短视频平台上观看的最有影响力的三大博主是谁？

社会情况是怎样的？比如已婚、单身、有孩子、没孩子、家庭情况等。

年收入范围是多少？

会把可支配收入花在什么产品或服务上？比如书籍、数码产品等。

图3

的温度，发现每一个细节，体会每一点人文风情，然后慢慢建立一个基础框架，对这个城市有一个立体的理解。在看这些短视频的时候，可以从两个方向突破：一方面是哪些可以借鉴，另一方面是哪些可以突破。仔细想想它的细分行业有什么优势和劣势？它提供的价值是什么？它持续涨粉的原因是什么？有哪些部分是成熟的，可以拿过来用的，哪些是弯路，可以避免的？哪些是它还没有做到或者没有想过，可以突破的？图4展示了"Dad Social"账号播放量变化的原因。

图4：梅森·史密斯（Mason Smith）创建了"Dad Social"账号，记录了家庭生活的日常，大多数视频展现他对女儿们的关心与爱护。其中有一段视频梅森·史密斯换了一种视角，展现了孩子们对他的爱。6岁的女儿拿着剪刀小心翼翼地为父亲理发，她稚嫩的手指轻柔地梳理父亲的头发，小脸洋溢着专注，坐在面前的小女儿也开心地为父亲设计起发型，一片平凡中流淌着无尽的爱和关怀。我们从上图左侧看到这段视频的播放量显著高于其他视频，换一种角度为史密斯的账号带来了流量。

图4

# 3. 打造个人IP，点石成金

*总走别人走过的路，那么你就走错了路。*

*——凯西·奈斯塔特（Casey Naishtat）*

我们身处一个欢迎个性化的时代，那些获得成功的短视频都有自己的特点。许多短视频积极打造个人IP，试图让观众更容易辨识和记住作品，吸引合作伙伴或其他商业机会，努力将短视频创作转化为经济收益的渠道。

个人IP指的是个人知识产权（Intellectual Property）。在短视频领域，个人IP的建立意味着在短视频平台上拥有独特且具有辨识度的特点和形象，包括创作风格、内容题材、形象塑造、话题关注点等方面。当观众能够轻易识别出你的作品，与你的创作产生共鸣，并愿意持续关注、支持和分享你的内容时，就表明你已经建立了个人IP。

打造IP就行了，那为什么一定要是个人IP？我们对一个企业的直观感受是什么？是一个机器，冷冰冰的，没有温度，它不是我们的同类，我们不会跟它共鸣。但如果是一个人，他就有温度，有感情，会给予一种信任感。哪怕你是企业老板，也需要以个人的名义去做，一个强大的个人IP可以使你的创作更受欢迎，增加合作机会，提升影响力，并可能带来商业机会和收益。

打造个人IP，必须源源不断地为观众提供价值，满足某一细分领域的需求。适合所有人就等于所有人都不适合，必须找到一个属于自己的细分领域，把这个领域做深做透，争做细分领域的第一，可以是销量、技术、性能上的第一。如何在一个细分领域做第一？一方面可以寻找空白，一方面可以做跨界。寻找空白是指找别人没有涉足的某个细分痛点，别人都在做，那我就不一样，别人都没做，那我就第一，比如说大家都教化妆，这个话题太宽泛了，如果教授佩戴眼镜的人如何画出适合眼镜外观的眼妆，如何突出眼睛轮廓和眼神，避免眼妆与眼镜框架的冲突，通过眼镜与眼妆的这个确切的痛点切入，效果会远远好于直接教化妆。再比如你是个教美食的，但是以素食为主题，分享各种美味的素食菜谱和制作方法，通过展示多样化的素食选择，吸引那些对素食和健康饮食感兴趣的观众，那就是做素食第一人。做跨界，就通过跨界的融合来产生一个全新的品类，从而让它极具识别性。（如图5）

在打造个人IP时，我们还强调真人出镜。我们通常找客服时候，并不喜欢跟智能语音助手打交道。人们对微表情的感觉是非常细致的，我们习惯于和有温度、有性格的人沟通，认准了你的脸，我们之间就可以建立起基础的信任。有些视频拍的画面很美，运镜真酷，节奏十分棒，文案太牛，但你怎么知道这个作品是这个人拍的呢？如图6，Nice爷爷的短视频不依靠特效，完全是真人出镜，靠表情赢得了几千万的播放量。

图5：四位初中生独具创意，将化学与游戏巧妙结合，推出了名为"化学杀"的卡牌游戏，由"Lantion鲨酱"在B站发布，卡牌制作者为：自由点、锈锁、鑫儿姐、于右弦。这款游戏以元素、化合物和反应方程为主题，玩家需要利用策略和知识来收集和使用卡牌。敢于跨界创新的游戏设计结合了学习和娱乐，既增进了观众对化学的理解，又激发了年轻玩家的学习兴趣，着实令人惊叹。

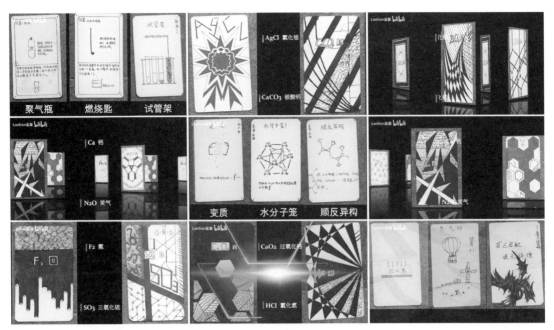

图 5

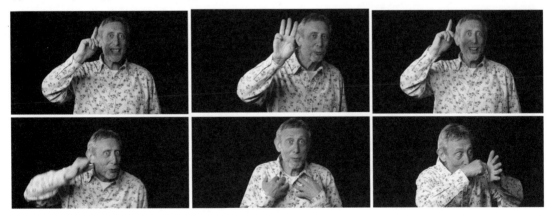

图6：迈克尔·罗森（Michael Rosen），是一位德高望重的儿童文学作家、有趣的绘本作家和诗人，曾荣获"童话桂冠作家"的称号。他的读诗视频《Hot Food》广为流传，讲述的是一家人吃热土豆的小故事：表弟、妈妈与我舀起了一勺热土豆，先吹两下等它变凉，然后再放进嘴巴，nice！偏偏爸爸等不及土豆凉了就放到嘴巴，结果被烫了个"横眉竖眼"。就是这样一段简单的短视频，在YouTube的浏览量多达4000万，搬运到B站时，其播放量也达到了数百万，同时还延伸出了各种搞怪版本与表情包，迈克尔·罗森被称为"Nice爷爷"。而类似的片段，迈克尔·罗森还有很多，大部分都是取材自日常。就是这些普通的小事，在经过诠释之后，变得生动了起来。

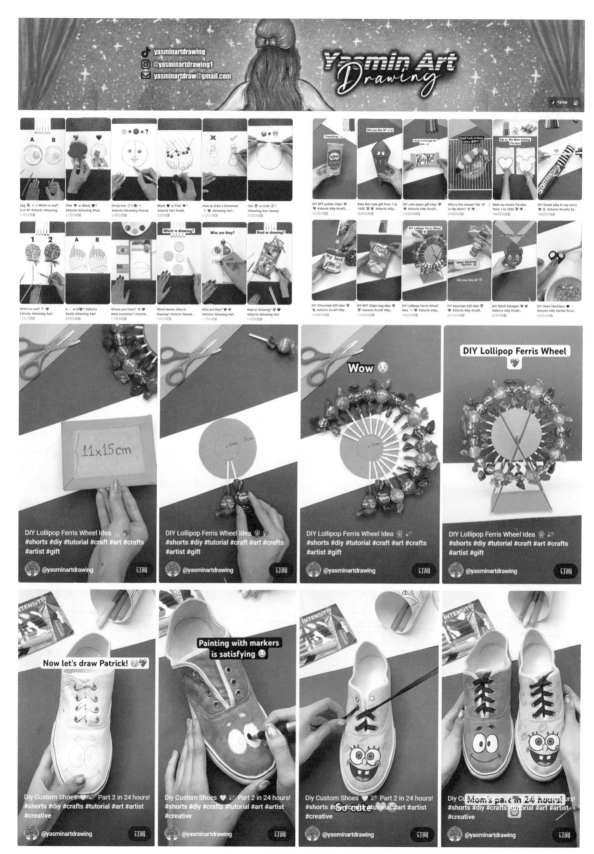

图 7

因此在短视频中打造个人IP，首先要明确自己的定位和目标，在原有内容领域找到已经被验证的、数据反馈优质、符合用户喜好的成熟内容，然后在这个基础上进行创新升级，或与其他领域进行跨界合作，加入一些自己的专属元素。同时确保短视频内容具备高品质和一致性，使观众能够很好地识别和记住你的个人IP。创作短视频并不完全是标新立异，而是深挖用户需求，创作属于自己的新品类，逐渐发展和壮大个人IP，在短视频领域获得成功。（如图7）

图7："Yasmin Art Drawing"账号主是位非常擅长手绘的艺术家。我们从上方左侧图看到，开始时她的播放量在2万左右，展示的主要内容为她手绘的一些作品。但是后期她将绘画与生活用品结合，视频内容不限于单纯的画画，而是教授大家如何将艺术与生活结合，例如做个手工的糖果风车，给鞋子画笑脸，制作著片形式的惊喜小礼品等，同时也保持了自己的专属元素。她目前的播放量在创新升级后轻松破千万。

# 4. 利用 SWOT 分析法，寻找自我表达的新语言

SWOT分析法诞生于20世纪80年代，最早由美国旧金山大学的管理学教授海因茨·韦里克（Heinz Weihrich）提出。SWOT四个字母，分别代表Strengths（优势）、Weaknesses（劣势）、Opportunities（机会）、Threats（威胁）。SWOT分析法一般是说："将与研究对象密切相关的各种主要内部优势、劣势、外部机会和威胁等，通过调查列举出来，并依照矩阵形式排列，用系统分析的思想，把各种因素相互匹配起来加以分析，从中得出一系列相应的结论，而结论通常带有一定的决策性。"换言之，SWOT法就是利用可参考、可依据的分析方法，正确分析自身的优势，并结合外部实际情况规避风险，寻找适合自身的发展机遇。在短视频创作中，SWOT分析法可以帮助我们准确分析自我优势和劣势，并结合平台的现实情况与外界的大环境，寻找自我表达新语言。我们来分别看看这四个方面。

优势：思考自己的技能会得到哪些人的认可与需求，自己的技能可以帮助大家解决什么问题，或者带来什么启迪与价值。当以个人优势作为创作选题清单时，我们可以轻而易举找到自己的创作优势，在短视频中将自己具备的技能尽量放大，给用户带来真正有价值的内容与知识。

劣势：劣势人人都有，如何扬长避短，甚至最高明的做法是把劣势作为一个"招牌"或一个标签。例如抖音上特别火的"代古拉k"，她主页上自我介绍是"专业毁舞一百年的157厘米、82斤的黑猴"，简单的一句话就把她的几个缺点都暴露出来了，即矮又黑。但她如此开诚布公地把缺点说出来之后，反而人们就不想去吐槽她了，还会接受她这些缺点，甚至去安慰她。有些时候把一个缺点转化成一个好的标签去营造、去打造，这是一种利用缺点的方法。

机会：机会代表着当下的趋势。当我们利用机会时，容易只看到外界机会，而忽视自身不足，看到平台上什么作品火就跟拍什么，什么内容数据高就模仿什么，无法准确找到自我定位。 所以，在克服劣势与利用机会组合中，一定要记得克服劣势在前，利用机会在后，即先克服自身劣势，弥补不足。此外，平台每天都会有热搜的榜单，发布与热搜

相关的内容平台会给更多的推荐机会。

威胁：当通过分析得出自身的劣势后，可以与威胁组合在一起，回避威胁，减少劣势。我们确定一个定位之后，要去观察相同定位的其他博主，看看他们具体都有什么特点，要做到差异化，做出自己独一无二的特色。

图 8 是一名热爱旅游与历史的创作者，用 SWOT 法分析其短视频创作策略。通过这些策略，历史与旅游爱好者充分发挥自身优势，抓住机会，重点创作文化遗产类的旅游视频，探索独特的创作主题，增加自己的专业性和可信度，进一步吸引观众的关注和参与。

观众只有在走出电影院后才能吐槽影片的时代渐行渐远。在短视频时代，

观众在一部作品发布后的几分钟之内，就自由发表评论，创作者无法做把头埋进沙堆的鸵鸟。吸引我们前去围观短视频的那种所谓真实感，并非仅仅来自草根或业余的制作水平，更多的是源于创作者内心的真实态度与对生活的热爱。创作者们通过分享自己的故事、观点和情感，与观众建立了更加亲密的联系。他们不断探索并挖掘独特的视角，在每一个作品中传递着自己的热爱和热情。无论是创作者还是观众，都在这个舞台上相互启发、交流、成长。让我们一起用短视频的方式，将生活中的点滴转化为美好的艺术品，创造出更多令人心动的作品，共同分享这个充满激情和创意的时代！

优势　劣势　机会　威胁

# SWOT 策略

## 优势

- 对旅游目的地的了解。
- 广泛的历史知识。
- 对文化遗产的热情和独特视角。
- 具备创意和艺术表达能力。

## 劣势

- 缺乏专业的摄影和视频制作技巧。
- 尚未建立大规模的观众群体。
- 可能与其他竞争者存在内容上的冲突。
- 对市场需求和观众口味的了解不足。

## 机会

- 与博物馆、文化遗产类机构的合作可以借助博物馆的展品、专家讲解。
- 合作可以扩大曝光度。
- 合作还可以为历史爱好者提供更多参观和拍摄的机会，丰富创作内容。

## 威胁

- 合作可能存在沟通和协调成本，需要耗费时间和精力。
- 观众口味和市场需求的变化，可能导致观众流失。

## 利用优势来抓住机会

- 利用自己的知识和热情吸引观众并建立忠实的粉丝群体。
- 借助自身的创造力和故事讲述能力，与博物馆和文化组织合作，共同开发独特的历史主题短视频。

**SO**

## 利用优势来应对威胁

- 提高自身的视频制作技能，以提高视频质量，从而减少竞争对手对视频质量的优势压力。
- 挖掘自己的社交媒体技能，通过积极的推广和传播，建立个人品牌，降低竞争对手的影响力。

**ST**

## 利用机会来克服劣势

- 寻找合作伙伴，尤其是具有视频制作技能的人，以弥补自身在视频制作方面的劣势。
- 利用与博物馆和文化组织的合作，获取资源支持，以克服制作短视频所需的资源和预算限制。

**WO**

## 应对威胁并减少劣势

- 寻找与竞争对手的合作机会，共同分享资源和经验，提高自身的竞争力。
- 不断学习和提升自身的视频制作技能，以提高视频质量和流程效率，应对竞争对手的挑战。

**WT**

图8

# （三）
## 创意策划：新、奇、快、稳

1.巧选题，标题与封面决定
点击率和打开率

2.爆点前置，黄金三秒法

3.搬运法，快速对热点素材
进行再创作

4.稳定性，持续创造力与
足够高的曝光率

# （三）创意策划：新、奇、快、稳

很长一段时间，网络美学未被重视，短视频被认为是在主流媒体找不到一席之地的人用来练手的，因此短视频被贴着"业余"的标签。然而，随着互联网的发展壮大，传统的娱乐业和广告业不得不改变自己的态度。网络美学强调娱乐产品的真实性，那些不完美的表演会让观众觉得自己看到的东西很真实，而不是刻意打造的。然而，视频的真实性并不是取决于创作者的相机有多高级、编辑技巧有多精湛，而是取决作品的创作理念。产品的质量对观众来说很重要，但创作理念的真实性才是王牌。

# 1. 巧选题，标题与封面决定点击率和打开率

信息是有两个维度的，一个是前端，一个是后端。对于短视频，前端对应着观众在短视频平台上直接感知到的作品细节和体验，而后端则是通过数据和分析来揭示作品背后的运营模式和商业结构。这两个维度共同构成了短视频创作和传播的全貌。前端是感性的角度，观众直接面对的短视频作品，以及他们通过手机等设备界面进行浏览和观看的体验，包括兴趣推荐、相关推荐等功能，以及作品的展示方式和细节。后端是理性的角度，通过具体的软件或平台去分析短视频作品的数据，并挖掘其中的深层结构和信息，主要关注的是数据分析、变现方式、获客数据、转化效率、底层结构等方面。如果把短视频比作一个商品的话，前端对应于产品的细节，包括作品的内容、创作者的风格、标题、封面、配乐等，这些细节直接影响观众对作品的吸引力和欣赏体验。后端对应于企业结构，包括利润分析、团队分析、架构拆解、供应链体系拆解、企业文化等，通过这些分析来了解短视频平台或创作者的运营模式、盈利能力和发展潜力。（如图1、图2）

前端信息在短视频平台或创作者生

图1：图中展示了灰豚数据网站的流量大盘，灰豚数据除了监控抖音数据，还有 MCN 资料库、行业研究报告等板块，用户可以更加全面地了解短视频平台上的用户情况，为推广营销、合作选择等提供参考和决策依据。

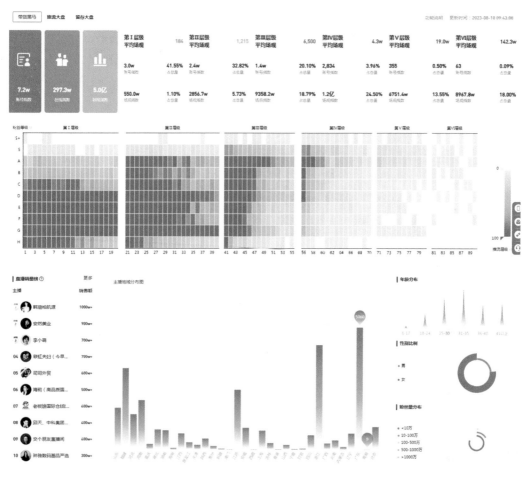

图1

#### 浏览成交趋势

○ 销售额　○ 浏览量　○ 销量

07/10　07/13　07/16　07/19　07/22　07/25　07/28　07/31　08/03　08/06

#### 销量/销售额趋势图

○ 直播销量　○ 视频销量　○ 其他销量　　　　销量　销售额

07/10　07/13　07/16　07/19　07/22　07/25　07/28　07/31　08/03　08/06

## 推广趋势

商品销售额　**商品销量**　　　　　　　　　　　仅看精选联盟　仅看近期爆款

#### 热卖品类占比

占比　列表

女装
销售额：100亿+（79.76%）

男装
销售额：25亿
-50亿
（11.01%）

内衣裤袜
销售额：25
亿-50亿

#### 商品潜力类目

图表　列表

近30天GMV增长率

内衣裤袜

服饰配件　男装

女装

销售额

#### 商品价格区间

■ 销售额　■ 转化率

0-29
29-56
56-199
199-499
>499

#### 商品发货地TOP10

广东省　浙江省　江苏省　湖北省　福建省　河北省　湖南省　辽宁省　山东省
河南省

商品均价
**¥ 195.87**

平均客单价
**¥ 85.59**

#### 商品来源

25亿-50亿
抖音官方旗...
8.04%

■ 抖音官方旗舰店　25亿-50亿　（8.04%）
■ 抖音旗舰店　75亿-100亿　（17.67%）
■ 抖音专卖店　10亿-25亿　（2.84%）
■ 抖音专营店　7500w-1亿　（0.19%）
■ 抖音企业店　2.5亿-5亿　（1.01%）
■ 抖音个体店　100亿+　（70.76%）

#### 推广达人占比

75亿-100亿
品牌自播号
21.09%

■ 头部红人　5亿-7.5亿　（1.58%）
■ 肩部达人　50亿-75亿　（12.95%）
■ 腰部达人　100亿+　（35.67%）
■ 潜力主播　100亿+　（28.72%）
■ 品牌自播号　75亿-100亿　（21.09%）

#### 品类宣传卖点

功能（9.6%）　功效(8.2%)　面料材质(6.4%)　设计(5.9%)　质感(5.0%)　品质(4.9%)　便利性(4.5%)　尺码(4.4%)　上身效果(4.3%)　款式(4.0%)　适用场景(3.8%)　肤感(3.5%)

需求痛点(3.3%)　颜色(3.2%)　做工(2.9%)　质量(2.8%)　工艺(2.8%)　整体(2.6%)　透气性(2.2%)　概念亮点(2.2%)

图2

态系统中扮演着重要角色，短视频通常时长较短，当观众浏览短视频时，往往会先注意到视频的标题，如果标题引人入胜，就能够吸引观众进一步观看。而且一个好的标题可以准确地概括视频的主题和内容，让观众更容易理解视频的意义和价值，从而提高观众的满意度和观看体验。我们准备素材内容库时，要收集各种标题，方便在创作时分析、学习、借鉴。当我们收集标题时，不要在意其内容的优劣，很多时候一个好标题与内容的优劣并不成正比。我们通过下述方法收集标题：

（1）找出同类短视频播放量过百万的标题名称。这是为了找到已经被验证的标题关键词，以便提高机器算法的推荐量。这些内容能够得到用户的欢迎，标题发挥了重要作用。

（2）找出同类播放量比较差的短视频，记录下标题，避免自己重蹈覆辙。

（3）查找平台规范手册中不允许出现的特定词语。这是为了规避因为不清楚平台规则而违规的现象，否则会降低推荐量，甚至内容审核不予通过。

我们把标题分为以下几类。

**数字标题**。这类标题将短视频中最重要、最引人注目的内容以数据形式呈现出来，成为标题的主打卖点。直截了当透露的数字信息可以增强吸引力，提高用户的阅读量。这里提到的益处、效

图2：图中展示了飞瓜数据网监控的抖音数据，我们可以看到达人库、涨粉达人榜等。达人库收录了大量抖音平台上的优秀创作者、知名主播和明星达人的信息库，用户可以通过搜索和筛选来了解关注对象的粉丝数、作品情况等。涨粉达人榜则是根据粉丝数量、互动数据等指标，对抖音上涨粉速度较快的用户进行排名和展示。这些数据和排行榜可以帮助用户了解和分析抖音平台上的热门趋势、明星博主的影响力以及市场竞争情况。

图3：在短视频《你在什么水平？》中，父子在画面中心，数字以醒目的方式出现在屏幕上，配合着儿子踢腿的动作。这种展示方式不仅吸引了观众的目光，也为观众提供了一种可视化的评估标准，成功地吸引了观众的注意力，并让观众对儿子的能力产生了好奇和期待。

| | |
|---|---|
| 1 从这里开始<br>这就是我的生活 | 6 快乐的时光<br>尝试新事物 |
| 2 有趣的一天<br>今天发生了什么 | 7 让我们一起做<br>美丽的风景 |
| 3 我的美食之旅<br>好玩的挑战 | 8 与朋友一起玩<br>闪闪发光的日子 |
| 4 我的爱好<br>和我一起学习 | 9 我的音乐旅程<br>我的运动生活 |
| 5 好玩的 DIY 项目<br>我的萌宠日常 | 0 我的健康日常<br>魔幻的一天 |

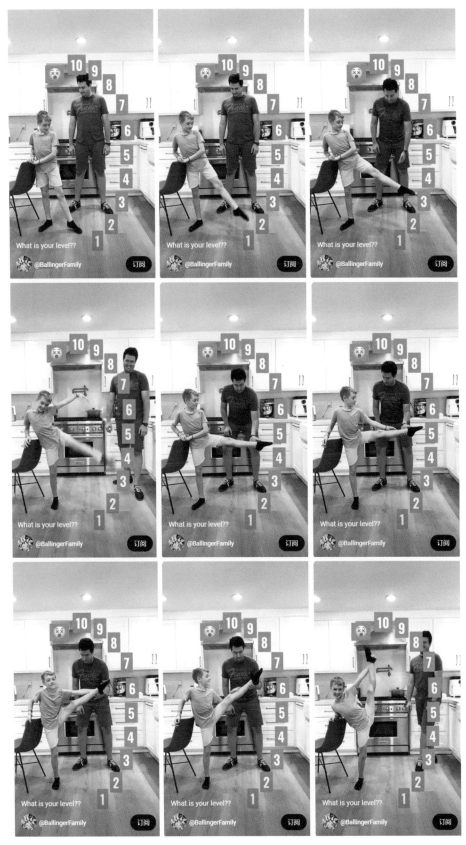

图3

果、改变、结局一定要与用户自身利益有关,只有这样,才会让用户期待点开观看。

**体验式标题**。这类标题在旅行类的创作领域也很多见,比如"旅行途中体验一家自助餐厅,竟然一个服务员也没有""你有没有这样的梦想"等,都是通过视觉体验带来不一样的旅程见闻。

**人物式标题**。我们在使用人物式标题时,可以提前搜索一下人物的热度指数,以此判断是否要以这个人物作为标题的开端。

**神秘式标题**。神秘式标题中一定要有一个特定的场景,然后重点突出神秘物品在其中的作用,达到让用户迫切想知道事情真相、结果的目的。

图4

疑问式标题。这类标题带着疑问的语气诉说事实+让用户感兴趣、有需求、想了解、渴望得到的信息。

故事标题。这类标题适用的范围较广，喜爱它的人也很多。故事标题可以轻松让用户通过标题获得故事的完整性，但一定不能平铺直叙，而应有一个曲折与意想不到的结局，让用户在非常短的时间内，从非常短的内容中体会到情绪上的波动，如感动、愤怒、快乐、忧伤、共鸣等。如图4是一些适合短视频的标题的示例。

封面是接触用户的第一扇窗口，优质的封面不仅可以吸引用户的注意力，还可以成为展示内容的窗口。对于封面的收集，我们可以从各个平台首页、推荐页收集，对那些一看就想点开的封面，可以截屏保存。同时，也可以选择播放量、点赞量、分享量等数据表现较好的内容封面，这些都是经过实践验证的，可以继续参考与借鉴领悟这些封面的价值，仔细分析形成爆款封面的创作思维。

给短视频设置完标题后还需要输入账号标签，大多数创作者都特别重视标签的垂直度。那么，科普标签的账号能不能贴上时尚的标签？贴经济标签的视频的能不能放旅游的标签？我们前文强调的跨界创作，正是希望触发算法，扩充用户群，帮助账号涨粉，因此账号不必进入强调垂直度的误区。（如图5）

图5：各大短视频平台都提供了制作视频封面的模板，图中展示了B站提供的封面模板与字体，在制作完封面之后还可以参与话题，为视频填上各类标签。

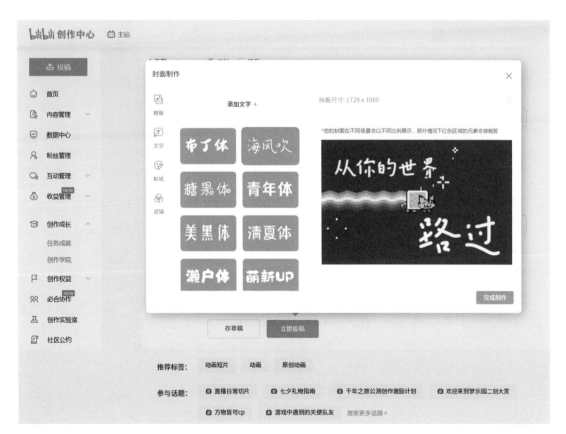

图5

## 2. 爆点前置，黄金三秒法

拍摄一部片子就像组织一场巨大的交响乐，每一个元素都需要精确的安排和协调，以创造出整体的和谐与力量。一部好片子应该是关于情感和探索的旅程，它不仅仅是在屏幕上展示故事，更是为观众提供深入思考和体验的机会。

——斯坦利·库布里克（Stanley Kubrick）

节奏是短视频成功的关键，是短视频的"呼吸"，是创作者对事件和人物内在逻辑的认识。短视频的节奏必须遵循张弛有度的原则，达到"形"与"神"的融会。节奏不仅表现在音乐卡点、镜头切换的技术层面上，景物的运动和情感的运动也会形成节奏。爆点前置是短视频节奏设计的有效路径。我们常说短视频能否吸引住观众，看前面3秒时间足够了。如果3秒内没有吸引住观众，而被悄悄地滑过了，那么你的视频也不会被推荐到更广阔的推荐池中，流量会越来越少。

短视频中的每一秒都关系着视频内容密度与输出节奏，短视频的内容有没有爆发力，把爆点放在前3秒还是结尾，还要根据视频的发展线索。爆点前置能留住90%的观众。犹如短跑运动员的起跑，发令枪响的一瞬间爆发力带动起来的速度是制胜的关键。短视频的节奏是传统影视的数倍，就如同短跑和长跑。长跑的呼吸绵长，而短跑呼吸急促。15秒左右的短视频，节奏需要按帧计算，一呼一吸都关乎视频的"生死"，"开端—发展—高潮—结局"的结构往往被"高潮—发展—高潮"取代，画面和音乐一环扣一环，让观众的心跳到了嗓子眼。爆点前置从某种意义上来说，对传统意义上的节奏实现了突破和拓展，也是一种反常的节奏形式。它像高音美声唱法，一直在高亢旋律区回荡。观众对这高亢旋律的欣赏是有时间限度的，短视频"短"的特点，恰恰给这种反常的节奏提供了生存的土壤。短视频的强刺激节奏，在观众能够忍受的时间跨度里，能形成强烈的反应和兴奋点，产生积极效果。

在控制节奏时我们还可以用到四个技巧，分别是短句、数据、比喻和金句，利用这些句子把节奏带起来。第一个技巧的好处是情节紧凑，节奏感强。营销高手们都懂得惜字如金，短视频的标题不宜过长。第二个技巧是多用数据。数据就是样本，通过数据展现给观众宏观角度，而非凭空造车展现自我想象的世界。第三个技巧是利用比喻找到共同的话题，降低沟通成本，避免一些难懂的专业术语。短视频面对的人是千千万万行业的不同的观众，知识储备都不同，通过比喻让观众快速抓到你要表达的东西。第四个技巧是金句，画龙点睛，激励大家，表达一种新的震撼。（如图6）

图6：抖音作品《史上最伤感的分手视频》一个月分享数量达上千万，我们来看看这短短32秒的视频背后的数据。作品的主要台词"我没k"来自网络热梗，原意是"I Want to Make it"，戏剧色彩的台词配合伤感的写实画面，刺激了视频的节奏，开篇就引发了高潮，正反打的镜头把故事拓展，最后没有人物的空镜又一次将画面带入高潮，故事也戛然而止。灰豚数据显示了该账号的用户画像，粉丝们的活跃时间分布，我们看到短视频利用网络热梗带来的震撼。

图6

# 3. 搬运法，快速对热点素材进行再创作

> 史上留名的每一部电影我都偷。要说我拍电影有什么，就是从这部电影里拿一点，从那部电影里拿一点，再把它们混合在一起。
>
> ——昆汀·塔伦蒂诺（Quentin Tarantino）

在视频时代，我们可以轻而易举地导航、访问并搬运不同类型的媒体资源。二次创作重组已有作品，已经成为网民之间重要的沟通方式之一。视频时代给予了它足够的发展空间，再创作的作品发出了自己的声音，往往带有强烈的个人色彩；视频时代还给予了它充分的互动条件，一个再创作的视频，不单使我们与创作者本人产生共鸣，还让我们与那些已经对时代颇具影响力的作品、事件或者人物重新沟通，由于这种沟通方式本身所具有的意义和价值，它反过来又会进一步影响我们这个时代；视频时代似乎就是为这一艺术形式而生的，回想我们心目中最酷的那些视频，它们几乎都有一个共同点——蕴含反叛精神且特立独行，而这也是后现代艺术的精髓所在。

站在巨人肩膀上的再创作，是基于已有的成功或是已经得到验证的模式进行策略性的思考、分析以及重新组合。创作者往往利用热门趋势，带入流行歌曲或流行文化，留意并利用社交媒体趋势，将流行文化元素，比如音乐、电影融入视频中去，以创造类似的效果。流行趋势来得快，去得也快，所以要当机立断。一旦看到机会，就要迅速抓住，否则热度一退，就没有意义了。爆款短视频内容如何制造热搜呢？

首先，我们可以利用相关的话题，来自己制造话题。自制的话题只要和原本推荐的话题很相近，多个字少个字，甚至重复几遍相关的字，都可以被自动收录，放进相关的推荐里，这样大家一搜这个话题，你的话题就会出来。比如我们搜索"开学"，可以看到"开学季""开学了""开学啦"这样的话题。所以，我们可以通过改变热搜的几个字来创建话题热搜。

其次，可以捕捉周围人热议的一些事，从而来制造热点。什么是热点？热点指的是比较受广大群众关注的新闻或信息，或者某段时间引人注目的问题。热点之所以是热点，是因为它有一定的意义，一定是很多人都在意的事情。热点分为两大类：固定热点和突发热点。将固定的节日或随时发生的新事件，与我们的短视频相结合，再通过话题的分类，给短视频标题加上热点的关键词，使感兴趣的用户通过这些关键词关注到你的短视频，会使你的视频拥有流量。蹭热点，是短视频引起关注的助力器。有五点需要提醒大家：

·蹭热搜的速度一定要快，越快引起的关注度越高；

·涉及政治问题时一定要谨慎，不要轻易去碰；

·内容一定要积极向上，展现正能

量逐渐成为主流；

·关注时效性；

·注意不要侵权。

如果是追踪突发热点的短视频，事件发生的1个小时内，被认为是这类热点的黄金期。事件发生的16个小时内，一般是用户对事件兴趣最大的时刻，在这段时间内，用户对事件的进展与发酵往往保持着较高的关注度。随着时间的推移，该事件被推送得越来越多，用户对事件的关注度也会越来越低。除突发热点和常规热点外，人们可以预测一些热点。例如某部电影上映之前，我们可以通过对受众群体及话题本身热度的分析，预测该电影是否会成为大家高度关注的话题。

当评判一个视频的好坏时，我们会从制作、灯光、剪辑、表演、剧本等方面去考量。然而在视频时代，创意理念似乎比创意美学更重要。法迪·萨利赫（Fadi Saleh）改变了原始视频和人物的环境与语境，把政治领袖变成说唱高手，把悲剧变成喜剧。这种表达方式不仅能够将人们的思想、观点编织在一起，还能通过其独特的互动方式赋予视频以新的意义和高度，挑战我们对于创意行为的传统定义和理解。法迪精心剪辑了《巴拉克·奥巴马演唱卡莉·

图7：此图为加拿大女歌手卡莉·蕾·吉普森（Carly Rae Jepsen）演绎的流行MV《有空电我》。法迪·萨利赫将其改版为《巴拉克·奥巴马演唱卡莉·蕾·吉普森的〈有空电我〉》。

图7

蕾·吉普森的〈有空电我〉》（*Barack Obama Singing Call Me Maybe by Carly Rae Jepsen*），视频中视觉与听觉元素完全同步，毫厘不差，法迪要花费长达3个星期的时间才能制作出一个奥巴马说唱视频，而作品长度往往不会超过1分半钟。（如图7）

生于南非的尼克·伯特克（Nick Bertke）从小就在好莱坞经典动画和电影的催眠中长大，他重组《爱丽丝梦游仙境》的声音与旋律，并把迪士尼公司1951年的经典动画改编成属于自己的歌。伯特克对自己的作品很满意，刚完成那一阵，他几乎每天上班路上都在听这首歌。后来，他花了几天时间把原版的动画图像和自己的混音融合在一起，用Pogo这个用户名上传到了YouTube。之后，动画片《飞屋环游记》的制片人邀请他为《飞屋环游记》蓝光碟的宣传制作混音。从此，伯特克

在创意界声名鹊起，并形成了独特的风格。究竟什么是Pogo风格？"快乐，梦幻，飘逸。"伯特克描述道，"我会从一个声音中取出一些单音节，以此为谱，创作一个原始的旋律。然后，我会从音轨中取出一些音符，排列好，做成独特的旋律和和弦结构。接着，我从电影中取出一些敲击声，安排好打击乐和鼓声的顺序……从某种意义上说，这样作曲比使用合成器或者乐器要难得多，因为我根本就没有使用传统意义上的乐器和合成器。"尽管伯特克的音乐都是在别人的电影或者音乐基础上改编的，就连他最走红的混音作品里也没有一个原创声音，但自始至终这些作品都带着他独特而鲜明的个人风格，饱含他对音乐的那份真诚。"我想不出一种比音乐更快、更有效的自我表达方式。"他说，"当我上传一首歌，我也在上传我的灵魂。"（如图8）

图8：尼克·伯特克在混音方面有着丰富的经验和技巧，虽然他的音乐是在电影的基础上改编的，但每一首混音作品都展现了他对音乐的真诚和个人风格。他的作品常常让人震撼。他为《怪奇物语》制作的混音短视频为剧集增添一层独特的音乐氛围，让观众更加沉浸其中。材料来自哪里不重要，重要的是创作者通过作品表达了自己对原作的喜爱，同时传达了自己的观点。他们表达自我的方式，远非原作品的续集。越是令人印象深刻的作品，越是能够全方位地激发观众与之互动。这种互动不仅存在于观众与新版本之间，还存在于观众与原作之间。

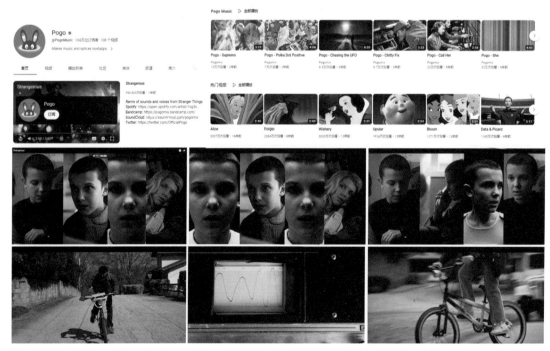

图8

# 4. 稳定性，持续创造力与足够高的曝光率

在视频时代，粉丝不是我们的唯一身份，我们还是社区成员。观众也不再是我们的唯一身份，我们都变成了参与者，只是参与程度有所不同而已。视频时代的人们展现出无与伦比的激情，将原本小众的爱好、分散各地的粉丝群体、私密的兴趣等，统统聚集在一个线上平台。视频创作者更像朋友、兄弟或姐妹，而不是那些被奉为偶像的名人。我们见证了网络达人的走红，我们感到自己也做出了贡献，我们不再是旁观者，而是重要的合作者。

罗马非一日建成。短视频在内容方面要保持题材的连续性、一贯性，要保证你的选题能够相对稳定地持续下去，不能今天做完这个题材，明天就没有了。创造力的稳定性对短视频来说也是非常重要的。从某种程度上讲，短视频之所以有强大的生命力，就在于它不断地被赋予创造力和想象力。如果短视频创作者进入缺乏创新的阶段，想象力和创造力匮乏，没有持续的创新能力和自我颠覆能力，就会陷入疲态，粉丝也会降低期待值甚至离开。在众多短视频创作者推出海量作品的今天，作品一定要保持稳定的曝光率。如果你只是偶尔制作出一两条还不错的短视频，没有稳定性，出现"雷声大雨点小"的情况，很快就会被人们忘记。

作品更新得越频繁，视频获得的关注就越多。然而，持续性更为重要。在更新次数和质量的持续性之间要找到一个平衡点，保证自己可以打持久战。

如果你打算推广短视频品牌，建议你每周至少更新一次，如果你连续52天每天更新一次，但在接下来的日子里你不再更新任何内容，这样的效果比不上连续52周每周更新一次。最好是将战线拉得长一些，这时你才会看到真正的结果。但质量比数量重要得多，每个内容都应该对观众有价值，这是因为：

（1）创作视频就像和朋友出去玩一样。你出去的次数越多，你就越接近那个朋友。

（2）当你不断地发布内容观察结果时，你会越来越了解这个平台及不断变化的算法，这两者对于频道发展至关重要。保持持续性不仅仅是更新内容，也是学习如何成功的过程。

（3）持续更新有利于你定期得到观众的反馈，从而优化你的内容。

（4）持续更新耗费太多精力时不要放弃，熟能生巧，你拍的视频越多，你对摄影就会越得心应手；你剪辑的视频越多，你就会越擅长剪辑。

只推送内容没有交流，这种方式对当代人不具有吸引力，移动化促使用户"总是在线"，导致人们接触社交媒体的概率持续上涨，移动化的媒体变成全天候媒体，这为短视频的观赏场提供了永不打烊的窗口。相对于传统电影进行发布会、广告式的宣传不同，短视频的宣传手段是直入式，即根据内容质量和活跃程度进行曝光量的判定，继而推给潜在用户进行内容的欣赏，庞大的用户数量为短视频的发展奠定了坚实的基

图9、图10：我们可以对比2023年7月两个处于达人榜月榜头部的账号，分别是"张雪峰老师"与"山白"，前者是与MCN机构签约账号。"张雪峰老师"近30天内，单日最多发布两个作品，平均每1.63日发布一个作品；"山白"近30天内，单日最多发布1个作品，平均每7.75日发布一个作品。对比发布视频作品的频率，我们看到他们的粉丝数量增长幅度不同，前者粉丝数持续增加，后者由于近期没有更新作品，粉丝数呈下降趋势。有意思的是，我们发现两者的铁粉占比差异较大，前者的粉丝数量超2000万，后者的粉丝数超300万，但是后者的铁粉占比是前者的3倍（数据来源：灰豚数据）。如何平衡数量与质量，是我们创作视频号值得思考的问题。

础。（如图9、图10）

21世纪以来，受众的地位逐步提高，观众在鉴赏过程中甚至可以参与作品的建构，使作品产生超出原作者思想的意义变异。承载着受众观点和意图的评论区摇身成为一个杂语喧哗、流动变化的修罗场。观众不只是躺在沙发上看视频，而是置身于社交平台的洪流之中，参与到双向交流中。创作者必须创建一个可以繁荣发展的社区，尽可能地扩大自己的订阅群，拓宽短视频的传播渠道和观赏方式，由此促进更深层面的创作与传播。

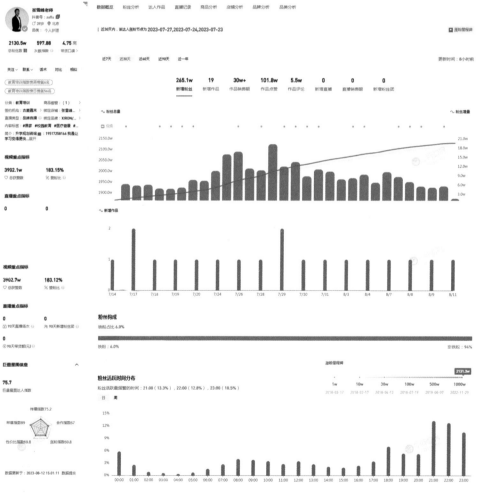

图9

山白
抖音号：shaibai20...
湖南

| 333.2w | 352.17 | -- |

关注▼ 聚系▼ 话术 对比 相似

分类：-
签约机构：-
直播类型：达人自播
内容标签：#人文社科
简介：青山白青山，白云自白云。候住两人，拍一些乡里周的手渐儿。

视频重点指标
1751.4w    525.69%
♡ 总获赞数   ％ 赞粉比

直播重点指标
0    0
⏱ 90天直播场次   ♫ 90天新增粉丝团

0
💰 90天带货额(元)

性别分布
女性居多，占比53.95%

● 男性  ● 女性

年龄分布
31-40岁居多，占比34.75%

地域分布
省份
粉丝数TOP3：广东（18.59%），山东（12.12%），江苏（11.84%）

| 广东 | 18.59% |
| 山东 | 12.12% |
| 江苏 | 11.84% |
| 河南 | 11.32% |
| 浙江 | 10% |

数据概览  粉丝分析  达人作品  直播记录  商品分析  店铺分析  品牌分析  品类分析

近30天内，该达人涨粉节点为 2023-07-20,2023-07-15,2023-07-14

更新时间：9小时前

近7天  近30天  近60天  近90天  近一年

| 227.0w | 4 | 0 | 553.2w | 24.7w | 0 | 0 | 0 |
| 新增粉丝 | 新增作品 | 作品销售额 | 作品点赞 | 作品评论 | 新增直播 | 直播销售额 | 新增粉丝团 |

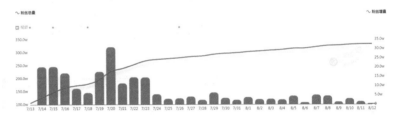

粉丝构成
铁粉占比 18.26%

铁粉 18.26%    非铁粉 81.74%

粉丝活跃时间分布
粉丝活跃最频繁的时间：23:00（14.2%），22:00（13.1%），00:00（7.8%）

日  周

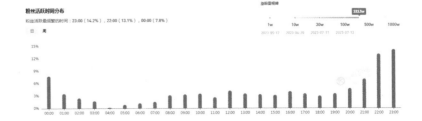

图 10

## （四）
## 拍摄方法：去除屏幕与
## 观众之间的障碍

1.利用镜头语言，提升画面空间表现力

2.设计构图，横屏与竖屏的取舍

3.运用光线，增强画面层次感

4.炫酷运镜，创意转场

# （四）拍摄方法：去除屏幕与观众之间的障碍

短视频作为新的视听信息消费模式，满足了网民在移动性时空网络中快速获取碎片化信息的心理需求，也满足了个体在流动性社会里的视觉消遣。短视频提供的景观世界，营造出一种沉浸感，镜头往往通过第一人称或正面视角展现"带你看"或"我看到"的内容，更易和观者产生共鸣。短视频中的镜头语言，相对于传统摄像机拍摄的推、拉、摇等固定机位镜头，已经越来越多样化。由于大光圈镜头和无损视频记录格式不再是价格昂贵的电影摄影机的专利，还有灯光设备的辅助，可以很轻松地拍摄出非常有质感的镜头画面，再加上一些诸如升格慢动作、延时摄影、微距摄影等拍摄手段，使短视频更具氛围感和层次感，精品短视频的质量已经可以在小屏幕上比肩电影作品。

# 1. 利用镜头语言，提升画面空间表现力

拍视频需要资金，预算需要考虑制作成本的方方面面，资金的多寡可能天差地别。对低成本制作来说，降低预算就很必要。只要善于利用你身边的素材，几乎可以做到零预算。视频里的道具不需要应有尽有，找出制造情绪燃点的关键，再考虑几种殊途同归的备选方案，调整想法，同时检查最初的概念设定。只有想法精准了，才有可能发现尚未

考虑周到的细节，或对某场戏、某个角色、某个主题产生新的理解。接下来我们从镜头语言、光线、构图、特效四个方面展开讨论。（如图1）

如何拍摄主体？对象需要距离摄影机多远？把对象放在画面中央好，还是用三分法（即横向将画面平均分为三段）好呢？以什么视角揭示主体？……视频中的每一个细节都很重要，如果无

图1："StudioBinde"在短视频《电影构图终极指南》中从点、线、面、空间、平衡、色彩、材质、景深这几个方面分析了影像的构成。学习这些构图元素的合理运用和组合，可以帮助我们创造出丰富、吸引人的影像效果，提升观众的观赏体验和情感共鸣。

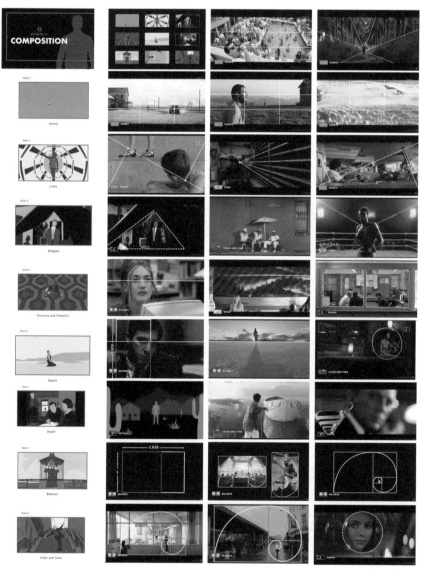

图1

法控制这些元素，可能会导致拍摄的镜头无法使用，更糟糕的是，一个唯美的视频可能会讲述一个完全不同于剧本初衷的故事。我们首先学习镜头语言，了解不同类型的镜头、相机角度和运镜，努力将想法付诸实践。

取景框里的每个元素都有意义，且每个元素与其他元素都有关联，我们称这种元素间的协作融合为"场面调度"。每一种场面调度所表达的内容都不一样，它将决定镜头中塑造的人物。比如，想要人物看起来更高大、有力量，摄影机就要架在他的视线以下。景

别是指对象在取景框中呈现的范围大小。景别的形成取决于以下因素：一是摄影机机位与被摄对象物的距离，即视距。二是拍摄时摄影机所使用的镜头焦距的长短，即焦距。在实践中，我们一般把景别分为远景、全景、中景、近景、特写，即五分法。根据人物主次、情节需要进行戏剧性叙事，有"远取其势，近取其神"的说法。（如图2）

**（1）远景镜头**

远景镜头是在视频开始时使用的镜头，主要用于介绍动作发生的背景，空中拍摄通常是远景镜头的首选，因为它

图2：短视频传递给观众的心理和情感距离与景别的大小密切相关。大景别能够表现空间距离感，可以使观众产生空间上的距离感、心理上的疏远感，对观众的视觉刺激和心理冲击较小；小景别能够缩小观众与被摄主体的空间距离感，使观众产生亲密感、参与感、认同感和互动感，能够给观众带来较强的视觉刺激和心理感应。

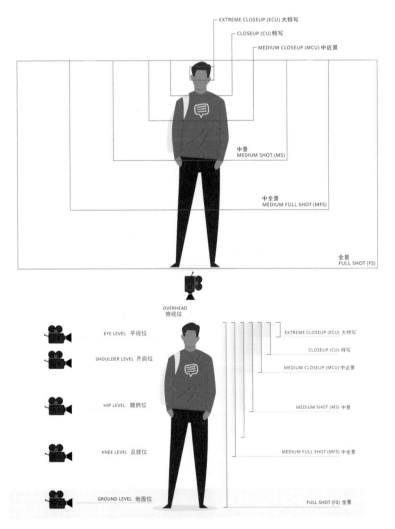

图2

提供了无与伦比的位置视图。

**（2）全景镜头**

全景镜头是用来表现被拍摄场景全貌或被拍摄人物全身的画面景别。全景镜头通常用于设置场景，揭示主题与环境的关系，带给观众一种透视感。

**（3）中景镜头**

中景镜头用于揭示更多的细节，通常从人物腰部以上拍摄。由于中景镜头包括主体对象及其周围环境镜头的一部分，因此它能在保持全局视图的同时捕捉细节动作。这就是为什么中景镜头是最受欢迎的镜头类型之一。

**（4）近景镜头**

近景镜头从对象胸部向上拍摄，通常用于捕捉人物脸部的足够细节，同时仍将其形象保持在周围环境中。在拍摄人物对话过程中，近景镜头可以保持人物之间的距离。

**（5）特写镜头**

特写镜头往往勾勒出被摄对象的面部，聚焦他们的情绪。特写镜头非常适合与观众沟通，面部特写是有力的武器。最细微的表情变化也能给人带来震撼，角色的心理活动由此放大。观众将被代入角色微妙的情绪，建立亲密感或紧张感。双人特写镜头，是指在一个取景框中安排两位演员。三人特写的镜头中有三位演员，以此类推。

我们再来看看镜头的运动。运镜就是运动镜头，即通过机位、焦距和光轴的运动，在不中断拍摄的情况下，形成视点、场景空间、画面构图，表现对象的变化。通过运镜拍摄，可以增强视频画面的动感，扩大镜头的视野，影响视频的速度和节奏，赋予视频画面独特的感情色彩。在手机短视频拍摄过程中，常见的运镜方式有推镜头、拉镜头、摇镜头、跟镜头和环绕运镜。

**（1）推镜头**

"推"是最常见的一种运镜技巧。在拍摄的时候，镜头缓慢向前移动，不断地推进，靠近拍摄主体，拍摄主体在画面中的比例逐渐变大。推镜头改变了观众的视线范围，画面由整体慢慢引向局部。推镜头不一定非要铺设轨道。把三脚架固定在滑板车或购物推车上，也能达到很好的效果。推镜头主要具有以下作用。

❶ 聚焦重点形象。在摄像头推向被摄主体的同时，取景范围由大到小，次要部分不断移出画外，被摄主体逐渐"放大"并充满画面，这种运镜技巧能够起到聚焦、突出拍摄主体的作用。

❷ 突出重要细节。推镜头能够从一个较大的画面范围和视域空间出发，逐渐向前接近这一空间中的某个细节形象，这一细节形象的视觉信号由弱到强，引导了观众对重点细节的注意。

❸ 揭示人物关系。运用推镜头可以介绍整体与局部、客观环境与被摄主体的关系。一个镜头中景别不断发生变化，大景别逐步向小景别递进，能够层层深入剧情。

❹ 渲染画面情绪。推镜头的过程中，推进速度的快慢可以影响画面节奏，从而产生外化的情绪力量。（如图3）

**（2）拉镜头**

"拉"与"推"的运镜方式刚好相反。在拍摄过程中，镜头逐渐向后拉远，镜头远离拍摄主体，画面逐渐变为全景或远景。拉镜头主要具有以下作用。

❶ 丰富画面元素。随着镜头被拉远，画面中展现的元素越来越多，画面层次更为丰富。

❷ 增加对比、比喻和反衬的效果。镜头从拍摄被摄主体的局部开始逐渐后拉，直到被摄主体全部显现出来，满足观众的想象与好奇心。

❸ 可以运用拉镜头来完成场景之间的切换，表现时空的完整性和连贯性。

❹ 抒发情感。拉镜头的内部节奏是由紧到松的，利于展示情感色彩，可以用作收尾时的镜头。（如图4）

**（3）摇镜头**

摇镜头是指摄影机机位不动，借助三脚架上的云台或摄影师自身进行上下、左右旋转运动来改变摄像头轴线方向的拍摄方法。摇镜头的运动形式包括水平横摇、垂直纵摇、中间带有几次停顿的间歇摇、摄影机旋转一周的环形摇、各种角度的倾斜摇或速度极快的"甩"镜头。摇镜头主要有以下作用。

❶ 扩大视野。利用摇镜头展示全貌，包容更多的视觉信息。比如拍摄辽阔的自然风光，可以采用横向的水平移动；拍摄高大的主体如建筑、山峰、瀑布等，可以采用纵向移动，让主体对象充满画面，将无意义的部分排除在画面外。

❷ 介绍内在联系。如果把两个对象放在一个大视野中拍摄并不容易引起人们的注意，但用摇镜头将它们先分开再组合，就会在形式上引起人们的注意。摄影师将两个对象分别安排在摇镜

 镜头向前**推**

图 3

 镜头向后**拉**

图4

头的起幅和落幅中，通过镜头的摇动将这两个对象连接起来，两者间的关系就会被镜头运动形成的连接揭示出来。

❸ 制造悬念。运用摇镜头可以实现从一组人物向另一组人物、一个场景向另一个场景的转换，也可以用镜头摇出意外画面，形成悬念，形成观众视觉注意力的起伏。拍摄画面中也可以纳入一些前景元素，利用摇镜头体现出空间的纵深感，让观众感觉主体更加高大。（如图5）

**（4）环绕运镜**

环绕运镜可以分为圆形环绕、椭圆环绕、半环绕等多种环绕拍摄方式，搭配不同运镜可以传达不一样的情绪与气氛，环绕运镜可以用以下三种方式进行。（如图6）

❶ 水平环绕。拍摄主体保持同一位置不变，摄影师围绕着拍摄主体进行旋转拍摄，这种方式能全方位地展现拍摄主体。这样的运镜手法犹如巡视被拍摄主体，轻松刷出画面主体的存在感。此外，在不断变化的背景画面里，主体和背景之间的视差转变，也能带来强烈的立体感。

❷ 升降环绕。除了进行环绕拍摄，摄影机还跟随运动中的对象进行升降运镜。这样的拍摄手法不仅能够让画面呈现更加平滑流畅的效果，而且能为影片注入气氛和情绪，让镜头充满旋律感。

❸ 滑动变焦。希区柯克式变焦，也就是滑动变焦，其英文原名为Dolly Zoom，前者代表了摄影机的移动，后者则代表了焦距的变化。有两种方法可以实现这种效果：一是摄影机前移的同时，缩小镜头焦距；二是摄影机后移的同时，推长镜头焦距。整体而言，希区柯克式变焦其实是利用了光学错觉，在不断变换焦距的同时，改变了与被摄物体的距离。希区柯克（Alfred Hitchcock）在1958年拍摄的电影《迷魂记》首次采用了滑动变焦的方法，日后被很多电影人采用。希区柯克式变焦经常伴随着"眩晕效应"，后来这一拍摄手法被广泛应用于表达特殊心理、氛围和状态等。推移镜头不同于变焦摄影，推移镜头是通过摄影机本身靠近或远离被摄目标完成拍摄的，镜头的焦距保持不变。变焦摄影则相反，不移动摄影机，将镜头对准拍摄目标，调节焦距进行拍摄。变焦摄影是20世纪70年代电影的主流手法。如今常用来表现讽刺和怀旧效果。弹指

图5

图6

之间，拍摄对象被放大，细节变得清晰。变焦摄影能够强调画面的现实感，也凸显了摄影机和摄影师在现场的存在感。但数码摄影机的变焦功能会导致画质降低，尤其在拍摄夜景时，如果你只有一部手机，想拍出轻松流畅的变焦镜头，几乎不可能。图7展示了创作者没有专业摄影机，利用手机拍摄，最后结合后期特效制作震撼的滑动变焦效果。

### （5）跟镜头

跟镜头是利用摄影机跟踪运动主体进行视频拍摄的一种方法，可以形成连贯、流畅的视觉效果。跟镜头始终跟随拍摄行动中的被摄主体，以便连续而详尽地表现对象。跟镜头主要有以下作用。

❶ 保持运动的连贯性。跟镜头能够连续且生动地表现运动中的被摄主体，以及交代被摄主体的运动方向、速度、体态及其与环境的关系，使被摄主体的运动保持连贯。

❷ 引导观众视线。摄像师的视点与被摄主体的视点重合，视频画面表现的空间也就是被摄主体的视觉空间，带有主观镜头的性质，可以表现出强烈的现场感和参与感。跟镜头还可以通过人物引出环境，将其周围环境连贯地展现出来。

❸ 突出纪实意义。跟镜头是对人物、事件、场面进行跟随记录的表现方式。跟镜头中摄影机的运动是一种被动的运动方式，摄影机的运动方向和速度是由被摄主体的运动决定的。观众如同事件的目击者一样观看视频，容易沉浸在事件之中。

❹ 产生空间穿越感。跟随运镜在方向上更为灵活多变，拍摄时可以始终跟随被摄对象运动，从而产生强烈的空间穿越感，在拍摄采访类、生活纪录片等短视频题材中运用跟镜头，能够很好地强调主题。（如图8）

使用跟随运镜拍摄短视频时，需要注意以下事项。

图7：埃纳姆·阿拉明（Enam Alamin）在他的短视频作品《创作滑动变焦》（Make DOLLY ZOOM）里介绍了希区柯克式变焦的由来与制作方式。他以一个魔方作为拍摄对象，利用手机拍摄，用一本书作为滑动的"轨道"，后期配合PR与AE软件，制作了完美的滑动变焦效果。

图7

· 镜头与人物之间的距离始终保持一致。

· 重点拍摄人物的面部表情和肢体动作的变化。

· 跟随的路径可以是直线，也可以是曲线。

以上总结了几种常见的运镜方式，短视频在拍摄的过程中机位移动的轨迹要以直线为主，避免无规则地移动。单个镜头拍完就停止，然后再拍摄下一个镜头，单个镜头里尽量不要使用多种运镜技巧，以免造成混乱的视觉效果。

短视频拍摄由于成本限制，很多时候采用手持摄影的方式，手持摄影能给一场戏甚至整部视频带来松弛感与既视感，长时间的手持摄影，实际操作起来并非易事。必须时刻保持画面的稳定，避免观众产生眩晕感。使用手持摄影时，避免使用变焦镜头，因为拍摄的角度越广，画面抖动的幅度就越小。如果没有稳定器、三脚架等辅助设备，创作者只能手持手机进行拍摄，这时我们要学习一下跟拍身法，双腿微屈稳住下盘，然后夹紧大臂，收紧小臂，相当于把身体作为支架稳住手机。在调整拍摄方向时，如果直接通过手臂进行调整，

则很容易在转向过程中产生抖动。此时正确的做法应该是保持手臂不动，转动身体调整取景角度，让转向过程更平稳。手持摄影拍摄时遵循"只动一处"的原则。例如，只动手腕进行上下摇动拍摄；只动腰部进行左右摇动拍摄；只动腿部向前或向后走路，走路时膝盖保持略微弯曲的状态。不论沿哪个方向移动手机，动作速度都要匀速，尽量用小碎步，不能时快时慢，这样拍摄出来的画面才会比较稳定。在移动过程中之所以很容易造成画面抖动，其中一个很重要的原因就在于迈步时地面给的反作用力会让身体震动一下。但当屈膝移动时，弯曲的膝盖会形成一个缓冲。在移动录制时，眼睛需要盯着手机屏幕，为了拍摄过程中的安全和稳定性，要事先观察好路面情况，从而在录制时可以有所调整，不至于摇摇晃晃。在户外复杂的拍摄环境中，手机有时很难固定，而且拍摄视角也受限制。如果创作者想让拍摄视角更丰富，可以使用八爪鱼三脚架将手机固定在自己想要的位置，并调整球形云台至所需的视角进行拍摄。（如图9）

另外我们还需要了解几个专业术

图 9：史蒂夫·怀特 (Steve Wright) 的短视频作品教授了观众手机跟拍的 10 种技巧，除了我们之前介绍的推拉摇移跟技术外，还有模拟无人机的机位、穿镜头等技巧也值得揣摩与学习。

跟镜头

图 8

图 9

语，分别是：空镜头、长镜头、轴线规律、延时摄影、升格拍摄。

**空镜头**主要用于展现环境，画面中通常没有主体人物，创作者以某种逻辑性将其插入情节剪辑中，是阐明思想内容、叙述故事情节、抒发情感意境、转换时空、调节画面节奏等的重要手段。一个既不含人物信息，也没有叙事内容的镜头，很容易显得多余。但从另一方面来说，空镜头极富诗意，你可以赋予它各种意义。空镜头可以作为氛围的烘托或前后内容的衔接，是创作者阐明思想内容、叙述故事情节、抒发感情的重要手段。创作者在拍摄空镜时记得要从画面构图法上着手，体现出事物的美感。出去拍摄时可以多拍摄一些空镜头作为素材备用。

**长镜头**用一个流畅连续的镜头传达许多信息。长镜头通过各元素的移动或摄影机本身的运动来叙事。它就像一台由多个活动零件组成的精密装置，拍摄前须周密规划。它能让视频充满统一感、庄重感和艺术感。

**"轴线规律"** 也称"180度规则"，在演员的视线方向、运动方向或两个演员之间假想一条直线，即为轴线。在一场戏中，摄影机机位只能设置在这条轴线的同一侧、不超过180度的区域内。试想你坐在剧院里看一出舞台剧。你始终坐在舞台的一侧。如果中途你的座位移到了另一侧，突发的透视转变就会导致越轴的不适。拍摄的"轴线规律"不可轻易挑战。如果拍出了"越轴镜头"，画面的空间位移将不再连贯、叙事被打断、观众出戏，除非已切换到另一场戏或另一时间。（如图10）

**延时摄影**又称缩时摄影，是一种将时间压缩的拍摄技术，拍摄的是一组照

图10：此示意图显示了摄影机拍摄的两个角色之间的位置，将空间分为红绿两个场地，场地正中间用轴线划分。红色摄影机位看到的两位角色是蓝色人物在左边，越过180度弧线的灰色摄影机拍到的两位角色，蓝色人物在右。所以当从绿色弧线越过红色弧线时，角色在屏幕上切换了位置。

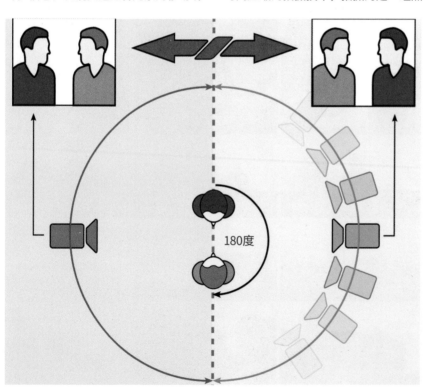

图10

片或视频，后期通过照片串联或视频抽帧，把几分钟、几小时甚至几天、几年的过程压缩到一个较短的时间内以视频的方式播放。而手机的延时摄影是将长时间拍摄的视频压缩到几秒或几分钟内播放，类似于快放。例如，在某商场大门处拍摄数个小时，视频在播放时也就几十秒，我们可以看到进出商场的人在快速移动。延时摄影可以用于拍摄云海、日转夜、城市的车水马龙、植物生长等场景中物体的变化过程。智能手机一般都具有延时摄影功能，使用手机进行延迟摄影拍摄时，需要做好以下准备工作。

❶ 为了保证拍摄画面的稳定，需要使用三脚架固定手机。

❷ 因为延时摄影拍摄的时间较长，所以要保证手机电量和存储空间充足。

❸ 打开手机的飞行模式和勿扰模式，防止来电和消息干扰。

❹ 锁定对焦和曝光，这是因为在拍摄过程中随着拍摄环境的改变，手机相机的自动识别功能会受到拍摄环境的影响而使画面不稳定，出现反复识别、实焦虚焦连续变换、不同主体连续曝光的情况。（如图11）

图 11："Apalapse" 创作了短视频《延时摄影完整指南》，作品涵盖了延时摄影的定义到所需的装备，介绍了表现时间流逝的专业技术，从一系列照片到流畅视频所需的程序。"Apalapse"视频中的作品用了超过 1000层的 After Effects 工程文件，50 多个小时的故事板、镜头规划、脚本、画外音、插图和动画等，层层剖析延时摄影的奥秘。最后还介绍了创建星迹的不同方法，你将学会如何拍摄星空，创造美丽的同心条纹。

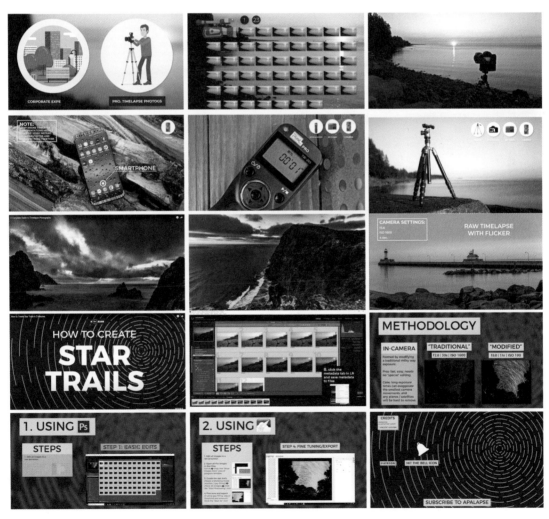

图 11

**升格拍摄**也称高帧率拍摄，当拍摄慢动作或需要捕捉物体的运动轨迹时，可以采用升格拍摄的方法。一般电影是以每秒24张画面的速度播放，也就是一秒内在屏幕上连续显示出24张静止画面，由于视觉暂留效应，电影中的人像看起来是动态的。短视频的帧速率可以是24、25、30、60等常见的数值之一，某些短视频平台可能要求上传的视频以特定的帧速率进行格式转换，以提供最佳的观看体验。当每秒显示的画面数多，视觉动态效果流畅；反之，如果画面数少，观看时就有卡顿感觉。以拍摄4K，60帧/秒的视频为例，每分钟需要占用400MB的存储空间，录制一段10分钟的视频，就需要近4GB的空间。为了保证录制顺利进行，在录制之前务必检查一下手机的可用容量，同时保证电量充足。尤其在录制延时视频、教学课程视频等，可能需要连续拍摄几个小时的题材时，除了确保电量充足之外，还应该在拍摄过程中将充电宝连上手机，保证在整个录制期间不会有电量耗尽的情况。（如图12）

假设拍摄了一组精妙的连续镜头，将影片的情绪推向高潮，剪辑时却发现一个掩盖不住的错误，这简直是致命的一击。比如，演员在一个镜头里佩戴着领带，下一个镜头领带却不见了。就算演员的表现令人称绝，但出错的着装更惹人注目，令观众失望。当一组连续镜头中的每个镜头是单独拍摄的，甚至不是在一天内完成，就要求演员保持镜头中动作的连贯性。到了剪辑阶段，这些镜头需无缝拼接起来。如果没有人负责

场记，这项重要任务就得由你自己来完成。用手机从头到尾拍下一场戏里所有演员的行头，以及布景。如果一组连续镜头没能在一天内完成，在拍摄剩下的镜头前，要和演员一起回顾完成的镜头，确保他们牢记自己的动作细节。

我们可以采用动静结合的方式来进行拍摄，也就是"动态画面静着拍，静态画面动着拍"。动态画面指的是拍摄的画面本身在动，如冒着热气的咖啡、路上的行人、翻涌的浪花等。在这类画面中，由于被摄主体本身就在动，如果拍摄时镜头也有大幅度的移动，就会让整个画面显得很乱，让用户找不到被摄主体。而对于静止的被摄主体，则可以通过运镜的方式表现画面节奏，例如，推镜头展示被摄主体的细节，拉镜头展示被摄主体的全貌，通过摇镜头和移镜头展示更多的空间和环境等。

短视频拍之前多考虑一下，怎么用最少的镜头和时长表现出你所要表达的，并想想是否可以锦上添花。尊重你的手机摄像头，这是我们这个时代的馈赠，拍下你想留住的或者那些触动你的瞬间。声音和画面一样重要，想方设法让你的声音更清晰一点。专业拍摄会不会降维打击？最好不要对标传统导演，表达好自己的故事就行，跟拍身法（腰部以上不动，走小碎步）勤加练习，活学活用。拿起机器拍起来，不管装备多简陋，技术多蹩脚，不管主演是你的朋友还是亲戚。拍摄的时候，我们不会从第一场戏开始一直拍到最后一场戏，拍摄顺序是混乱的。行程的制订通常基于两个因素：首先，我们希望把所有在同一

图12："StudioBinder"工作室创作了《帧速率的终极指南》。短视频介绍了在构建镜头列表和故事板时，帧速率是如何工作的。视频解释了不同帧速率（如24帧/秒、30帧/秒、60帧/秒甚至120帧/秒）与运动平滑度之间的直接关系。高帧率是许多摄像师根据美学选择而做出的决策之一。帧速率与其他创造性决策一样，对成品有着直接的影响。它决定了画面中每秒呈现的静态图像数量，从而影响观众对场景的感知和体验。视频中较低的帧速率（如24帧/秒）可以呈现出经典的电影质感，给人一种更具艺术感和虚幻感的效果。较高的帧速率（如60帧/秒或更高）则可以呈现更流畅的画面，特别适用于体育赛事和动作场景。选择合适的帧速率取决于你想要表达的故事效果和视觉风格。通过掌握帧速率这个工具，你可以为观众提供更加身临其境和难忘的视觉故事体验。无论你选择使用低帧速率还是高帧速率，都要意识到它对场景、动作和情感表达的影响，以便在创作中做出明智的决策。

个地点发生的戏份都放在一组中，以节省租用该场地的租金；其次，由于许多演员是按照天数付钱的，制片方试着把同一个客串演员的所有戏份都放在同一天拍摄，以节省费用。清楚每个器材的优缺点，懂得如何扬长避短，随机应变，才能使得用一个普通的相机，甚至手机拍出惊艳的作品。（如图13、图14）

图 12

 **chris vanderschaaf**

@chrisvtvofficial 2.16万位订阅者 281 个视频

Life is short. Do what you love.

订阅

首页　视频　**SHORTS**　播放列表　社区　频道　简介

最新　热门

图13：克里斯·万德沙夫（Chris Vanderschaaf）的短视频账号只有一个主题，即展示高速摄影作品。他能够展示出平常物体的不可思议的变化和细节。一滴水、一颗巧克力、一个鸡蛋在他的镜头下变得魔幻而超现实，让人们在瞬息万变的世界中重新发现美。

图14：拍摄一辆行驶中的汽车，往往需要布置轨道等专业设备，而乔迪·夸里提克（Jordi Koalitic）仅使用手机和自拍杆，结合他熟练的旱冰技术，成功地拍摄了一支汽车广告片。短视频展现了行驶中汽车的动态和魅力，也体现了手机摄影的潜力和灵活性。

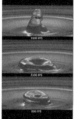 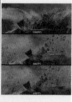     

Slow motion water 9600 fps #slowmotionwater... 1921次观看

240fps vs 1000fps drop test chocolate into powder 3019次观看

Chocolate Truffle Shots Top vs Bottom 6525次观看

Make an Epic Product Commercial | Lays cheddar... 2372次观看

120fps vs 480fps milk smash test 2142次观看

Macro Bubbles 1000fps Test with Infinity TS-160 Probe... 6951次观看

  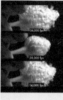   

Worlds biggest camera lens (Innovision optics probe) 1.1万次观看

Popcorn at 9,500 fps slowmo #slowmotion #science #fps 1.6万次观看

Prince Ruperts Drop explosion 56,000 fps test 1.3万次观看

Prince Ruperts Drop 13,000fps and 875,000fps... 9878次观看

4th of July fireworks 94,000 fps 2023 #4thofjuly... 1.8万次观看

What's inside a flash bulb 38000 fps 2.2万次观看

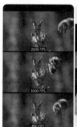    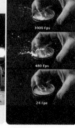 

480fps vs 1000fps Bee 2.5万次观看

1000fps Behind The Scenes Godiva Chocolate Shot

How to film a drink commercial | 1000fps Pepsi

How It's Made (Lays commercial Pickle Rig)

24fps vs 240fps vs 1000fps FPS Test

How to shoot a Lays Chips Commercial BTS

   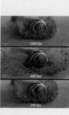  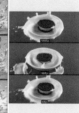

Light Bulb Exploding in slow motion at 38,000 fps 1.1万次观看

How to shoot a slowmo food pop up shot #slowmotion... 929次观看

The BEST horse riding FPS Test! 60fps vs 1000fps... 2052次观看

240fps vs 1000fps chocolate drop fps test 2023 #shorts 2004次观看

240 fps vs 600 fps Blacktiph fish jump #slowmo... 5827次观看

60fps vs 1000fps slow motion Oreo frame rate study 2007次观看

图 13

图 14

## 2. 设计构图，横屏与竖屏的取舍

麦克卢汉（Marshall McLuhan）认为，"任何媒介对人和社会的影响，都是由于新的尺度产生"。媒介技术的发展不仅改变了传播方式，也改变了传播的信息形态与文本内容。埃德蒙·胡塞尔（Edmund Husserl）认为我们的经验不是孤立的，而是处在一个更广阔的意义之中。这个更广阔的意义被他称为"视域"。视域是指我们经验背后的一种普遍性结构，它包括我们对世界的直接感知、知觉和意识。按照胡塞尔关于"视域"的观点，人们对于任何事物的观察都有地平线，而这个地平线的边界是由目光提供的。电影拍摄的取景框利用光学工具突破了人类目光的地平线，让人们通过银幕可以看到地平线以外的事物。手机拍摄的竖屏视频则恰恰相反，它重新规划了地平线的范围，让人们观看影像的目光由原来的投射转向聚焦，使人们的注意力集中在视频内容本身。

传统影视行业以宽高比为4:3或16:9的宽屏格式作为行业标准，而在短视频领域，横屏标准受到了挑战，适应手机的竖屏格式成了新潮流。相较宽屏，竖屏从横画幅变成了竖画幅，宽高比倒置为3:4或9:16，视野狭窄细长。我们到底是选择横屏还是竖屏拍摄短视频？

**（1）横屏拍摄**

传统的电影电视通过横屏已经建立了完善的镜头美学。宽屏画面视野开阔，适合展现前后层次丰富的宏观场面，有更多的纵深空间可供调度；在横向叙事框架中，画面的主要关注点是构建的对象，注重展现前景对象在水平方向的运动。就视频的制作而言，传统摄影机可以直接拍摄宽屏视频，而以纵向模式设计的手机必须旋转90度才能实现宽屏视频拍摄，在翻转的过程中，用户可能会丢失原本想捕捉的画面。

反竖屏者基于生物学认为，人们生活在一个横向的世界里，人眼是横向生长的，其水平视野比垂直视野更为开阔，本质上人类是以横向的角度看世界，所以观看宽屏视频比竖屏视频更为舒适。

## （2）竖屏拍摄

竖屏格式能为用户提供更无缝的原生体验。自然地单手持握手机，用户就能以舒适的姿势实现实时拍、随手拍，在观看时也不用刻意翻转手机，竖屏视频会自然地填充满整个手机屏幕。竖屏画面视野狭长，适合展现简单、直观的微观场面。在纵向叙事框架中，画面的主要关注点是少数特定的对象，若对象外观带垂直属性则展示效果更佳，例如高楼、隧道等能在垂直框架中得到更全面的展现。与宽屏画面不同，竖屏不能过于关注水平运动，因其狭窄的视野会夸大横向运动的强度，平移或快速移动的镜头会让观众感到不适。（如图15）

据美国的移动数据智能公司Scientia Mobile发布的MOVR移动设备报告显示，智能手机用户有94%的时间都以竖直的方式拿着手机。英国社会化视频营销机构Unruly的调查显示，53%的手机用户不喜欢在观看视频时将手机横过来，有34%的调查者称会将手机锁定到竖屏的状态。短视频无疑对横向视频的制作习惯提出了挑战，用户在观看横向短视频时不仅无法追求像欣赏影视作品时的空间感受，还会因为频繁调整屏幕方向造成麻烦的体验感。

竖屏播放虽与传统影视行业美学标准相悖，但其构图方式依然可以从传统绘画中找到适合的原则。竖屏和肖像画的构图方式有着异曲同工之妙，人物面部朝向往往留有空间，半身人像则可以直接占满画幅。中心构图、井字构图、上下构图或三分法构图原则也常常用于竖屏画面。特别是高耸的建筑物、树木、山脉和车厢内部等自

图 15："Jesse Drift-wood"在短视频作品《如果竖屏很糟糕，怎么办？》中对比了同样的对象在横屏与竖屏取景的优缺点，并提出了3个横屏并列放置重构竖屏的解决方案。

图15

带垂直属性的景观可以借助竖屏格式得到更全面的展现，同样能让观众体验到纵向空间的开阔。

越来越多的竖屏短视频出现在大众的视野中，以抖音和快手为代表，自媒体人加入竖屏影像的创作与传播中，各移动平台也纷纷引入竖屏内容。优酷在2017年通过资讯类节目《辣报》和人文短视频直播节目《行走的"非遗"》等开始打造竖屏产品形态；腾讯视频通过《和陌生人说话》节目，开创了国内首档竖屏访谈节目的先河；爱奇艺在2018年通过剧情类节目《生活对我下手了》打入竖屏阵营；华为官方微博在2019年发布竖屏微电影《悟空》。"竖屏美学"概念由张艺谋在2019年首届抖音短视频影像中提出，2020年张艺谋团队联合别克拍摄了竖屏贺岁微电影"暖冬"系列。（如图16、图17）

竖屏呈现的影像较为狭长，因此多

图16：在张艺谋导演的竖屏短视频《遇见你》中，两个人物是当代普通大学生中的一员。故事没有复杂的人物介绍，通过展现卧铺车厢内一段美好经历，利用剧情空间的固有线条作为辅助框架，结合俯拍方式，通过画面的纵深感刻画表意内容，将当代年轻人对朦胧美好情感符号化表达。

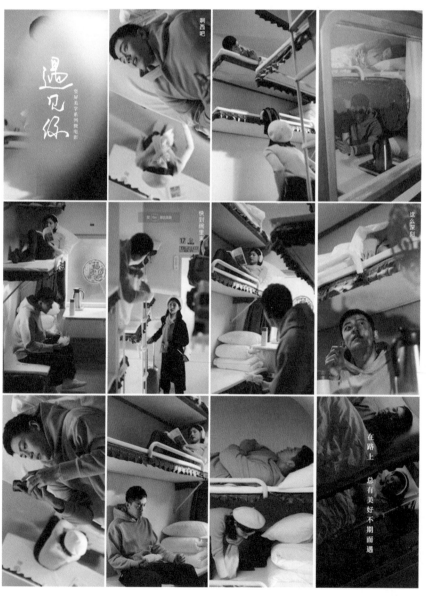

图 16

采用固定镜头或跟随拍摄的方式，镜头横向运动极易超出画面。传统横屏运动画面造型空间往往是连续的，而在竖屏中景别是跳跃的、不连续的，往往由后期剪辑合成实现。在华为竖屏微电影《悟空》中，小男孩在丛林中穿行捕食的情节，就是通过不同景别、角度内容的快切组合，固定画面与运动画面的配合所完成，有些镜头的时长不足1秒钟，但由于不是连续运动，就不会让受众观看时产生眩晕感。此外，在这一段中，镜头内部人物运动规律通过上下和对角线的方式，以运动方向的交替运用引导视线，观者接受度更强。（如图18）

**（3）伪竖屏**

为了在屏幕上表现出更好的画面效果，还可以采用伪竖屏方式。将横屏拍摄的内容进行修饰后形成竖屏呈现的效果，或者上下横屏排列形成对比。具体可以通过两种方式实现：一种是中间横

图17：张艺谋导演的短视频《谢谢你》，利用主体人物全景进行刻画，通过前后景深空间的配合，营造画面的透视感和纵深感，交代故事情节。此种方式纵向压缩了空间人物间的距离感，更能凸显主题。张艺谋"暖冬"系列微电影就是通过竖屏美学优势，用精练扼要的小故事展现亲情、爱情以及陌生人的关怀，给观者十分温暖贴心的感受。

图 17

图18：《悟空》利用特殊的反光道具——长椭圆挂镜把父亲教育孩子的场面框显示出来，还利用特写的鱼缸、钟表、相框与电视机配合
画外音渲染故事发生的时空与气氛。《悟空》在竖屏中通过小景别直观表达情感，渲染故事，结合音乐延展画外空间。

屏，上面下面部分留白，给出字幕或者装饰背景；另一种是两个或者三个屏幕都放置同样的内容，做成并列排放的屏幕拼接，达到伪竖屏效果。

一些习惯横屏拍摄的制作者，为了保留更多的镜头感，保持宽屏拍摄的习惯，后期制作上下留白，让观众的视线锁定在横屏范围内，聚焦于更精准的位置，锁定目标。屏幕框架的限制要求从业者打破制作宽屏视频的传统思维，重新思考如何在纵向框架内完成构图与叙事，构建属于短视频的拍摄理论体系。这不意味着对以往经验的全推翻，中心构图、三分法、对称式构图等经典构图法同样值得借鉴。提升短视频的设计美学至关重要，也会对未来整个移动应用生态系统起到深远影响。

## 3. 运用光线，增强画面层次感

拍摄短视频时，一旦光线有目的介入，各种物体就变得生机勃勃，也流露了某种情感，这就是光线存在的魅力。由于光线的作用，环境气氛形成的可读性语言更为丰富。环境气氛的表达主要依据创作者对生活的长期敏锐观察和积累，生活经验越丰富，平时积累越多者，利用灯光照明对环境气氛进行模拟再现就越真实而巧妙，人工痕迹就越少。要提升自己的视频质量，一定要先搞明白一个逻辑，先有场景，然后灯光拍摄。场景是画面给人的第一印象，无论是黑是白，还是姹紫嫣红。用不用灯，买什么灯，买几个灯，怎么用它，那都要根据你的场景来决定。

如果选择白天拍摄，主要光源就是天上的大灯泡——太阳。对外景拍摄而言，影响光线质量的因素不计其数，从一天中时间的变化到突然飘过的乌云。你可能需要在开拍前看好天气预报，尽可能让大自然为你服务。如果想要拍摄两个角色对面交谈，就要考虑太阳的位置对场景光线的影响。阴天拍摄相对容易，如果是晴天，其中一个角色背光，整个场景的光效就会失衡。最简单的办法是将桌子旋转90度，使阳光平均地照在两个角色身上。不然就需要用反光板将阳光反打到背光的角色身上。

魔法时刻或黄金时刻是指日出后或日落前短暂的拍摄时机，那时红日低悬。此时的自然光最温暖、最柔和，如薄纱轻裹万物，赋予画面金色的光泽，如同魔幻时空。如果视频的画面追求某种特定的色温，希望出现柔和而细长的影子，最好避开白天直射的阳光。毫无疑问，魔法时刻是最佳时机。

相比外景拍摄，内景拍摄对拍摄环境有更多的掌控权。内景拍摄时，你能控制的关键要素之一是灯光。电气照明有不同的色温，在镜头下会呈现不同的色调，这取决于你的捕捉方式。通常，裸眼看到的白光，经镜头过滤后会呈现出不太友好的黄色色调。开拍前你最好先在镜头中比较一下。一般来说，荧光

灯比LED灯柔和，LED灯比普通家用白炽灯柔和。如果角色站在窗前，易造成画面背景过度曝光而角色曝光不足，这意味着你会丢失角色的容貌细节。光源可以从摄影机背后照亮角色的面容。如果场地租金昂贵，想加快拍摄进度，可以借助反光板将光线投射到目标。不需要很大的折叠反光板，一张塑料泡沫板或镀银箔的卡纸板就可以胜任。有以下几个原则参考：

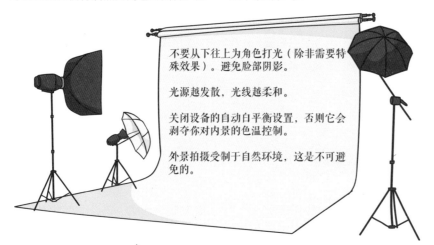

不要从下往上为角色打光（除非需要特殊效果）。避免脸部阴影。

光源越发散，光线越柔和。

关闭设备的自动白平衡设置，否则它会剥夺你对内景的色温控制。

外景拍摄受制于自然环境，这是不可避免的。

拍摄短视频时，选择灯光器材需要考虑很多因素，如灯具的功率、价格以及寻找替代品等。专业的剧组灯光设备的功率一般很大，这可以为剧组制造足够多的光源和特有的灯光效果。然而，小成本制作在灯光考虑上就会谨慎得多，价格低廉的灯具功率较低，但可以在拍摄器材的选择上去弥补功率低这个缺点。白炽灯的显色指数是最接近理想的。在价格方面，白炽灯也是最便宜的。拍摄时，如果需要用到的补光灯灯泡为 LED 灯泡，这时，台灯或者路灯就可以直接使用，只需要同期进行补光就可以。而在替代品方面，如果有条件，轿车车灯大灯也是个很充足的光源，由于车灯大灯灯泡是卤钨灯或者碘钨灯，就可以省去租用昂贵的专业灯具。

提高环境的照度可使人物、环境、色彩还原更好，但灯光设置需要找依托，一定要注意投射方向目的一致性，给观众明确的光影印象。一个场景里有了主光、逆光、斜侧光，就基本具备拍摄要求，不必再加辅助光。对于场景的布光，尽量避免人物不相一致的重影和灯光的投影，可以让主光从一个光位点上投射，注意受光部分与暗部的光比控制，缩小明暗反差，以保证环境最暗部的层次。

拍摄室外夜景戏最好的时机是在天空没有全黑的时候，天空一旦黑尽，灯光是很难把天空照亮的。夜晚用光的主要依据是内容以及创作的构思与想法，用光方法较为多样灵活，创作的余地也很大，如月夜、星夜、雷雨夜等。这种光线可利用门窗投射进室内，但注意投射的强弱关系，太强使观众不可信，太弱没有投射效果，掌握好强弱关系，夜晚时间气氛才能体现出来，同时要利用光线的色温体现，也就是冷暖对比关系。在室内加强夜晚气氛的有效方法之

图19：凯尔·纳特是一位在 YouTube 平台上活跃的摄影和视频创作者，专注于利用光线和延时摄影技术创作出独特且引人注目的作品。他在光的延时摄影方面的创作尤为出色。他将光影用普通的塑料袋蒙住，围绕拍摄对象挥舞光影，以迷人的光影交织出一种魔幻的氛围，充满幻想和神秘感。

图 19

一，就是充分利用人为制造有效光源，如台灯、煤油灯、马灯、室外灯、路灯、车灯，给灯光光源找依据，加强观众的视觉印象。环境照明应以所模拟的光源为核心，形成环境内的明暗影调，未被光线直接照射的环境暗部不能漆黑一片，应保持其大致的线条或者形状，有了冷暖关系就能产生对比，有了对比就有了层次。

因为短视频拍摄受到成本的限制，所以拍摄者要尽量利用有限的资金和设备拍摄，在灯具等器材的选择上量力而为，功率小和廉价的灯具可以节省很多开支，寻找替代品与合理利用环境中的光源都是较直接的节省成本的好方法。在短视频拍摄中，单反被越来越多地使用，单反的高感光度特点可以弥补灯具功率低的缺点，而一旦灯具的功率降低了，其优势就能体现出来了，体积小，价格便宜，更不会使用发电车等大型设备。短视频创作如果能充分了解这些低成本器材的优缺点，就可以想出办法最大限度地去避免缺点，从而发挥优势。（如图19、图20、图21）

图20

图 21

图 20、图 21：凯尔·纳特善于捕捉光线的轨迹和变化，并运用创意和技术手法，创造出梦幻、神秘或极具艺术性的影像效果。他所使用的光源并不复杂，有时是一束镁光灯，有时是一个火把。通过捕捉移动中的灯光，他可以创造出燃烧的翅膀的效果，创造出彩虹一样的效果，创造出光在涟漪中扩散的效果，也可以通过特定的摆放和移动方式，模拟尾灯在夜晚行驶时留下的轨迹，产生出一种动感和流动性。

## 4. 炫酷运镜，创意转场

在段落与段落、场景与场景之间的过渡或转换，就是转场。转场是每一段视频之间的衔接，也可以称其为场景过渡。它是视频中一个完整的叙事层次，就像戏剧中的幕、小说中的章节一样，一个个段落连接在一起，就形成了完整的视频作品。

一部具有叙事逻辑的视频作品由多个情节段落组成，每一个情节段落则是由若干个句子组成，每一个句子又由一个或若干个镜头所衔接。场面的转换首先是镜头之间的转换，同时也包括情节段落之间的变化。需要拍哪些镜头，怎样将它们衔接在一起，在前期拍摄前我们就要构思好。为了使视频作品的声画更具可看性、针对性和条理感，在声画的转换中就需要转场。转场分为技巧和无技巧两类。技巧转场常用于较大的段落上，比较容易形成明显的段落层次，常用的方式有淡出淡入、叠化、翻页、划像、圈出圈入、定格等；无技巧转场即选择合适的素材镜头放置在视频的转折处直接切换。直接切换是建立在选择相宜镜头的基础上的，即在段落连接处，通过一两个合适的镜头自然地承上启下，无痕迹过渡，体现创作者的创意构思。作品中视线、情节线、人物、观看者的位置，都是精心设计的，其目的是缩短观看者与视频之间的距离感，造成观众最大限度地创造参与其中的幻觉。通过转场的方式建构视频作品话语时，利用上下镜头在内容或造型上的内在关联来转换时空，连接场景，使段落过渡自然舒适。只有上下镜头具备了合理的过渡因素，直接切换才能起到承上启下与抒发情感的作用。（如图22）

短视频中运用的转场方式有很多，无技巧转场具体可体现为对主体、情

图22：直接的切换是指在段落之间无痕迹地过渡，并通过合适的镜头选择呈现创作者的创意构思。这种切换方式能够为影片增添流畅和连贯感，提升观众的观影体验。

图22

节、声音、字幕、造型因素、动静方式、景别运用、镜头语言等方面的合理规划与架构，通过巧妙运用上下镜头的关联，以此来达到视觉连续、转场顺畅的目的。以下列出几种较为常见的拍摄中应用的转场方式。

（1）**遮挡转场**。拍摄时摄影机靠近遮挡物挡黑镜头，或者遮挡物成为前景挡住画面内其他景象，作为转场镜头衔接上下段落。遮挡物可以是自然存在的，也可以是人为的。遮挡的方式可以是遮挡物靠近摄影机，或是摄影机移近遮挡物。

（2）**景物转场**。拍摄时选择合适的景物作为转场镜头，使其既能发挥时空转换的作用，也能起到承接、渲染故事情节的效果。用人、景、物等不同类型镜头转场所体现的风貌和意蕴各有千秋，以景为主、物为陪衬，如山峦、森林、田野、天空等，这类镜头转场可以展示不同的地理环境、景物风貌，又能表现时间和季节的变化；以物为主的镜头，如在镜头前划过的飞机、道路上的汽车以及诸如室内陈设、建筑雕塑等各种静物，都可以做顺势而为的转场内容。

（3）**相似主体**。相似主体转场是利用转场镜头与其后镜头为相似的人或物来进行衔接，前后镜头有一种承接关系。相似可以表现在形状、运动方向、

图23：这是一部令人垂涎的美食视频，由屡获殊荣的导演埃里克·亚兰德（Eric Yealland）创作。他通过史诗般的视觉效果、照明技术、摄影将几个地点混合在一起。在剪辑过程中，创作者利用相似图形完美地过渡，创作了这部烹饪卷轴。

图 23

运动速度、色彩、意念等方面。（如图23）创作相似主体转场镜头的方法很多。一种方法是通过寻找前后镜头主体动作的相似性、关联性作为衔接点，进行拍摄。可以通过推、拉、摇、移、跟、升、降、旋等方式进行拍摄。摇摆拍摄时，应保持转场镜头与衔接镜头在摄影机运动方向上的一致，避免突兀转场。比如拍摄一条船从画面中行驶出来的场景，先拍摄把河岸的景物从左到右摇出去的镜头，作为转场镜头，再拍摄把船从左到右摇进画面的镜头。跟随拍摄时，应注意转场镜头与衔接镜头之间存在内容上的关联，使画面过渡连贯。

（4）**主观镜头转场**。主观镜头转场是借助画面主体视觉方向所指的场景衔接上下段落。拍摄时，拍摄角度要跟画面主体所看到的场景具有相同的视线，这个场景可以是眼前的人、物或者是远在千里之外的人、物，也可以是遥远的天空。移动拍摄时，应注意转场镜头与衔接镜头在时间、空间、动作、形状、色彩、意念等方面存在的关联。

（5）**景别转场**。景别转场包括特写转场、同景别转场、两极镜头转场。特写转场拍摄时，不论上一个镜头是什么景别，下一个镜头都是特写；也可以快速拉近景物形成特写，作为转场镜头衔接上下段落。同景别转场拍摄时，转场镜头与下一个镜头的景别相同、内容有关联，要注意改变摄影机的机位，避免产生跳切。两极镜头转场拍摄时，上一个镜头为特写，后接一个全景镜头；或者上一个镜头为全景，后接一个特写镜头。利用摄影机运动也可以很好地显

示一种空间调度关系，由于运动的冲力构成的转场方式大多强调前后段落的内在关联性。两极镜头转场更是区分段落层次的有效手段，可大幅度省略无关紧要的过程。

（6）**动势转场**。利用上下镜头运动的趋势和内容上的某种呼应可以使段落过渡顺理成章。镜头在景别、动静变化等方面的某种反差和对比，可以形成明显的段落间隔，有助于节奏的提升，动中转静或在静中变动可以赋予观众强烈的直观感受。

（7）**反差转场**。利用上下镜头在内容上的逻辑关联以及在造型因素上的协调与反差来转换段落，加强作品内在结构，使场面转接既流畅又具有戏剧效果。

（8）**空镜头转场**。空镜头转场有两种用法。其一是当剧情发展到一定程度时，利用空镜头来完成剧情的升华，可用来烘托气氛；其二则是用来表达人物的心情，描写人物的心境，达到以景衬情的作用。

我们在加入某种转场特技的同时也相应地增加了另外一个元素——这个技巧本身，因而也相应增加了一个量变因素，可能成为累赘甚至影响表达的一种符号。转场方式的选择直接关系到视频作品对其内容的叙述，段落与段落、场景与场景之间的过渡或转换需要符合受众的观看方式、生活逻辑和思维逻辑。因此，转场的应用要迎合观众的视觉和心理需求，要使短视频转场自然流畅，不仅在后期剪辑时要使用合适的技术方法，在前期策划上也要精心设计，提高转场镜头的拍摄质量。（如图24）

图24：阿努·科罗提克（Arnau Koalitic）分别利用了雨水、海浪、车轮、石头、火焰作为转场的元素。通过使用这些元素，视频在时间和空间方面建立了联系。例如，在场景切换时，他会使用雨水或海浪的流动来过渡时间，或者将手机固定在车轮上，通过手动推车轮来表现空间上的转变。色彩也是他作品中一个重要的联系因素，他会运用元素自身的光线效果，使得色彩在不同场景之间产生延续或呼应，从而增强整体视觉效果。这些元素还传递了一定的意念和情感。例如，雨水、海浪和火焰等元素常与情绪、力量或变化等概念联系在一起，通过使用它们作为转场元素，传达更深层次的意义。

图 24

（五）

后期编辑：视觉决定体验

1.短视频剪辑特点

2.善用剪辑软件，打磨细节

3.创意特效，震撼视觉

# （五）后期编辑：视觉决定体验

　　剪辑的核心是决定你想让观众看到什么和什么时候看到，影像中最有力量的不是图像，而是图像之间的间隔。

——沃尔特·默奇（Walter Murch）

　　短视频平台所提供的影像剪辑和传播工具，降低了大众参与艺术创作和观念表达的门槛，参与的自由度使得短视频创作成为一场大众的狂欢：专业与非专业、严肃与戏谑、聚焦与发散的共存成为常态。短视频创作打破了"从纸张到银幕"的传统模式，并造成经典电影语言体系的失能——长镜头等经典美学要素被搁置，精心设计的影视表演和场面调度被边缘化，角色对白和精准的配乐也可能成为可有可无的冗余内容。

# 1. 短视频剪辑特点

观众对于短视频和电影的观看方式和期望有所不同，人们更容易接受短视频的快速剪辑和跳跃式的叙事方式，并且希望能够在短时间内获得信息和娱乐。而电影则有更长的时间窗口来吸引观众的情感投入和思考。在视频拍摄过程中，连续的长镜头很难保证所有相关元素在每一次的拍摄中都完美地运作。假设拍摄视频的结尾，某人忘了台词，某个灯泡突然不亮了，那么整条拍摄就

得重来，越是长的镜头，出错的机会也越多。因此，许多短视频作品都不是一镜到底，而是由多段素材拼接而成的。同一堆素材给不同人剪辑，往往会有完全不同的结果，因为不同人会在视频结构上做出不同的选择。什么时候，按什么顺序来释放信息都会产生完全不同的结构。

"切"是所有剪辑方式中最为常用的一种。"切"源于电影发明之初，人

"切"发生的场合
（1）表示连贯的动作
（2）在动作幅度最大的地方
（3）在观众心理预期最高的地方

剪辑六要素
（1）忠实于彼时彼地的情感状态
（2）推进故事
（3）发生在节奏有趣的正确时刻
（4）照顾到观众的视线在银幕画面上关注焦点的位置
（5）尊重轴线原则
（6）尊重画面所表现实际空间的三维连贯性，也就是人物在空间中位置和与其他人物的相对关系

图1

们用剪刀将印有画面的塑料胶卷直接剪切下来。"切"可以定义为瞬间从一个镜头变化到另一个镜头。如今大多数人使用计算机剪辑视频，但当初的叫法依旧沿用至今。"切"的依据是什么？新的信息是所有剪辑取舍的基础。不管一个镜头何时转换到另一个镜头，被剪切的镜头是否存在新的信息？这个镜头为何被剪切？还有没有更好的选择？同一个场景还有没有另外一个镜头可以提供新的信息并能够满足剧情的需要？无论镜头多么华美，多么酷，只要不能为情节的发展提供新的信息，这个镜头就不应该出现在最终剪辑版中。剪切的新镜头应为观众提供新的信息，剧情不管提供什么样的信息，目的都是使大家兴致盎然地沉浸其中。当观众完全沉浸在故事中，观众就不会下意识地注意到"切"，而忽略了剪辑本身，我们希望"切"是透明的。那么，"切"发生在什么场合合适呢？享誉全球的电影剪辑师，声音设计师、作家和导演——沃尔特·默奇提出了剪辑六要素。（如图1）

直切是一种最基本、最简单的剪辑技术，指的是将一个画面或场景直接切换到另一个画面或场景，没有任何过渡效果或混合效果。直切是一种广为接受的剪切方式，但如果效果不好，就会像跳切一样分散观众的注意力。跳切是一种特定的剪辑技术，指的是将两个相邻的画面或场景之间的时间间隔缩短，从而创造出一种快速、突兀的片段跳跃效果。观看影片时，观众感到放映的影像在极短时间内出现画面中断或变化。如果相似的画面用两个角度很近的机位来拍摄，画面内容非常相似，这样的镜头排放在一起，观众会误以为剪辑点处的影像出现了跳切现象。剪辑师必须使用一些方法来掩盖这种视觉不协调，从而分散观众的注意力，这时的剪辑师更像魔术师，玩些掩饰剪辑的小把戏。在剪辑点交叉时必须保持画面的流动性，从一个镜头转到另一个镜头，在叙事和空间上的过渡都必须合理。（如图2）

短视频在拍摄时由于时间或资金因素，只有某些角度拍摄下的镜头被记录下来。剪辑师尽量在剪辑时将不同的镜

图2：《角斗士》故事板准确地规划了摄影机的位置和角度，剪辑手法巧妙地切换了不同的镜头，将老虎的动作与马克西姆斯身体的掠过相连接。这种剪辑方式使得观众能够感受到战斗的紧张氛围和角斗士的勇敢。同时，快速的剪辑也增加了节奏感，使得整个场景更加刺激，富有动感。

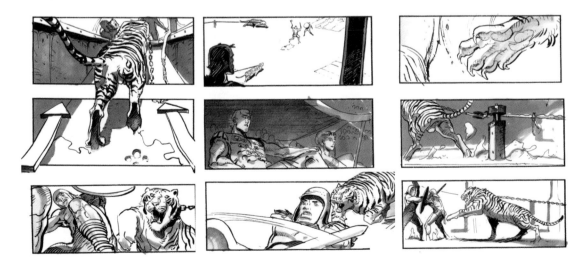

图2

图 3

头排列。我们可以采用以下5种剪辑方法：

（1）**连续动作剪辑**：将连续的、不中断动作的两个或多个镜头连接在一起。当需要改变情节点或地点发生变化时，处理连续动作合适使用直切。

（2）**画面位置剪辑**：通过安排巧妙的镜头构图，有意在剪辑点处将观众的注意力从画面的一侧转移到另一侧。

（3）**匹配剪辑**：是艺术性极强的剪辑方式，通过场景、人物、形状、颜色甚至声音的匹配达到转场效果，也是一种极易创造蒙太奇的剪辑技巧。

（4）**概念剪辑**：通过画面中特定时间里多个视觉元素的并列表达故事中暗含的意思。这种剪辑可以在不打破观众视觉连贯的前提下，对地点、时间、人物甚至故事本身进行变化。在某个点将故事中看似无关的两个镜头剪在一起，从而在观众脑海中形成一种想法、

图3：《蜘蛛侠2》中的一些动作场面令人叹为观止。故事板显示了在一列快速行驶的火车上蜘蛛侠和章鱼博士之间的打斗场面，场景之间利用动作分解了镜头，情绪化的故事板展现了每个镜头中发生的事情以及朝着哪个方向发展。

一个概念或一条信息。这些剪辑有时被称为动态剪辑。

**（5）交叉剪辑**：把同一时间，不同空间发生的动作交叉剪接，构成紧张的气氛和节奏感，造成惊险的戏剧张力，又称交叉蒙太奇，多应用在戏与戏之间。

剪接的方式决定了一场戏的节奏。

主镜头（A-roll）提供了一种更简洁的选择，它能让你的视频充满统一感和艺术感。如果一组连续镜头中的每个镜头是单独拍摄的，甚至不是在一天内拍完的，演员就必须保持镜头中动作的连贯性。到了剪辑阶段，这些镜头才能被无缝拼接起来。（如图3、图4）

图4：《音乐之声》的故事板设计巧妙，通过精心安排的镜头构图，在剪辑点处吸引观众的注意力从一个画面的一侧转移到另一侧。这种切换方式能够有效地引导观众的视线，使他们在观影过程中专注于故事情节的发展和角色之间的互动。

图4

辅助镜头（B-roll）对应主镜头。这些镜头时长不一，或一秒或数秒，也不一定提供叙事信息。辅助镜头通常只拍静物，持续数秒，能在不改变叙事的前提下丰富场景，是一种类似标点的视频语言，对戏剧性的情节起到缓冲作用。（如图5、图6）

剪辑时我们要关注以下几点：

（1）了解观众，明确自己的剪辑工作是针对观众的观影体验。

（2）转场的每个镜头都为观众提供新的信息，推动情节的发展。每次转场都由即将切出的镜头中的某些视觉或听觉要素推动。

（3）从一个镜头切入另一个镜头时，使用不同的或有趣的构图引导观众

图5：斯坦利·库布里克邀请索尔·巴斯（Saul Bass）为《斯巴达克斯》制作了精彩的故事板，这些故事板展示了库布里克为完成任务所需的关键镜头角度和特写镜头。在剪辑过程中，他们巧妙地将看似无关的两个镜头相互剪接在一起，创造出令人难忘的视听体验。

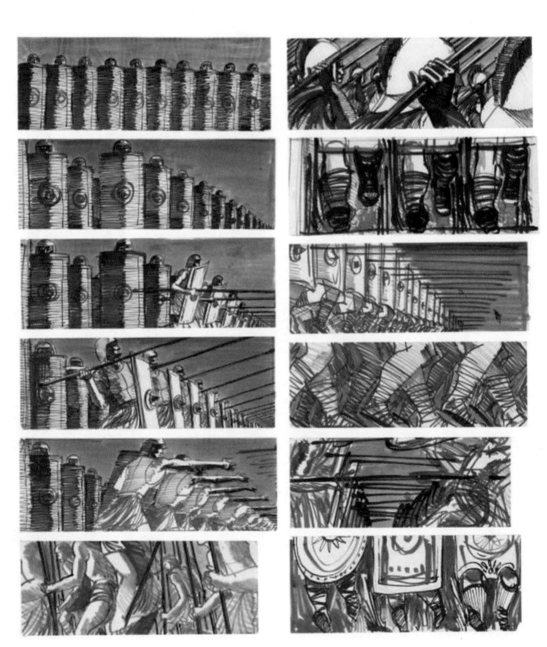

图5

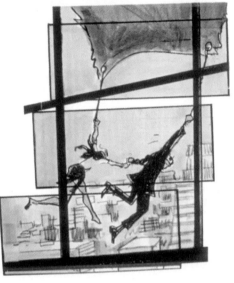

图6

图6：《007之明日帝国》通过精确定位关键镜头的方式，创造了紧张的气氛和节奏感，以及惊险的戏剧张力。其中，邦德使用大刀割断绳子、横幅被撕裂和两位情侣在高处摆动等场景的同时交叉剪接，将不同时间和空间中发生的动作融合在一起。这种交叉剪接的手法使得观众能够同时感受到多个情节的紧张发展，增强了故事的紧迫感和悬念引发的紧张情绪。

的视线，观众能够积极参与其中。

（4）在一个设定的场景或片段中将镜头以不同摄影机角度呈现给观众，从而避免跳切。

（5）最大限度地保证转场符合内容、动作、位置和声音连贯的原则。

史蒂夫·怀特在他的短视频作品《利用手机拍摄具有创意的辅助镜头》提出了6条技巧（如图7）：（1）拍摄角度避免与眼睛同一水平线，因为这样会显得乏味。可以选择更低的角度拍摄，并改变构图方式。（2）摄影机运动非常重要，可以通过移动摄影机、高空拍摄或侧面拍摄，或者使用非常低的角度。可以想象将摄影机放在云台或滑轨上，用手模拟出相应的移动。此外，可以尝试拍摄细节镜头，并尝试慢动作拍摄。（3）要使镜头之间有连贯性，可以锁定焦点，并将镜头的开始或结束对准模糊背景，以流畅地过渡到广角镜头或细节镜头。（4）注意检查水平线，将地平线融入镜头中，可以增加画面的深度感和观众的方向感。（5）用延时摄影的方式可以创造出有趣的运动效果（比如草地、云朵等），这是活跃视频氛围的创意方法。（6）照明也非常重要，可以尝试运用光线（比如太阳、利用透过树叶和镜头闪光等）来增加画面的吸引力。

图 7：史蒂夫·怀特在他的短视频作品《利用手机拍摄具有创意的辅助镜头》提出的 6 条技巧

## 2. 善用剪辑软件，打磨细节

每一块石头里都有一座雕塑，而雕塑家的职责就是去发掘它。

——沃尔特·默奇

短视频的剪辑难度越来越低，尤其是各个短视频平台都推出了易上手、易操作的剪辑APP，如抖音推出了剪映，B站推出了必剪，快手推出了快影，这些都非常适合刚刚入门短视频方向的从业者及通过手机端创作短视频内容的人。这些软件包含很多现成的炫酷特效、华丽的转场、一键生成的模板、海量的音乐库、字幕生成等。电影化的手段强化了技术的新奇性，即使影像内容并不那么令人惊异，多元影像技术的运用所带来的眼花缭乱的视觉经验也是直接诉诸观众感官的重要手段。只要扎扎实实学好一款视频编辑软件，其他相似软件很快就能上手。直至今日，硬技术的全面提升给短视频内容创作者提供了准入渠道；作品的拍摄、剪辑和发布都能直接在移动端的短视频软件上完成。

剪辑系统有点像雕塑作品，对于没有切的视频素材，如同一块大理石，结果就藏在石头里，你要把多余部分雕琢掉才能使它显现。每个镜头都有内在的剪切点，就像每棵树都有树权，只要发现了它们，就能根据不同的情况选择不同的剪辑点，选择时要兼顾观众心理以及你需要观众想什么，从而选择这个或那个分叉，直至下一个。

剪辑没有思路怎么办？我们可以根据主题选择线性思维或非线性思维进行剪辑。线性思维剪辑是按照时间顺序或故事发展的逻辑顺序来组织视频素材，以呈现故事的连贯性和时间关系。线性思维是剪辑先行，修改一个镜头引发连锁效应，全片乱套。非线性思维剪辑打破了时间顺序的限制，使用非传统的剪辑方式来组织素材。这种剪辑方式可以使用跳切、闪回、快速剪辑等手法。利用非线性思维时结构先行，不是线性地拼接和连接，而是根据主题搭建结构，重复意象反复深化主题和整体风格，修改镜头不会改变结构。如果主题需要突出某种情感或创造独特的观影体验，那么非线性思维剪辑可能更适合。

剪辑工作开始前要熟悉所用软件的工作界面，新建一个工程文档用于编辑自己的作品。编辑一部视频作品就像做一道菜，视频剪辑软件就像我们的厨房，先要熟悉一下刀在哪儿、锅在哪儿、盘子在哪儿，然后就可以准备开工了。

把素材视频导入剪辑软件之前，建议先建一组文件夹，对所有镜头进行标记和分类。对照拍摄剧本，熟悉每一个主镜头和插入镜头所在的位置，为每场戏创建单独的文件夹，标记镜头的类型、拍摄的次序，顺便甄选出最好的主镜头，不要执着于把拍完的镜头都用上。如果音频和视频是分开录制的，要先将它们一一对应起来。虽然这会花上很长时间，一旦完成，剪辑工作就会轻松许多。很少影片是完完全全一镜到底拍摄的，都是经过剪辑后才造成一种"流畅"的错觉。接着开始顺片，快速而潦草堆叠好已选镜头，先堆出一个毛片，然后停下来，以新的眼光重新看一遍所有素材。

按正常逻辑讲来说，在一个片子里，景别越多，观感越丰富；对于以叙事为主的一些剪辑段落来说不一定拍过的景别都要用上，在剪辑里做些减法，剪掉一些无用的景别，达成"少即是多"的目的。

### （1）剪辑界的"老大哥"Premiere

剪辑师承担着把图像按某种顺序，以某种节奏组装起来的实际任务。为了保持敏感度，真正对每条素材的可能性形成足够鲜活的认识，创作者必须不断敲打自己，保持新鲜感，选用的剪辑工具对最终产品有决定性影响。Adobe家族的成员Premiere（简称PR）作为市场上应用人数最多的剪辑软件之一，它插件多、功能全，习惯了PR的剪辑师们与这匹"老马"惺惺相惜；最让人觉得接地气的是它兼容于Windows和Mac，这样大家用PC或苹果端都能使用它。开始视频剪辑工作之前，先来了解视频剪辑中的一些相关术语，如时长、帧、关键帧、帧速率等。

❶ 时长：时长是指视频的时间长度，其基本单位是秒。在PR中，视频的时长显示格式为"时：分：秒：帧"。

❷ 帧：视频是由一幅幅静态图像所组成的图像序列，通过连续播放序列中的静态图像，造成人眼的视觉残留，就能形成连续的动态视觉感受。这一幅幅静态图像就称为帧。在PR中，可以在"时间轴"中以连续视频缩览图的方式显示构成视频的每一帧。

❸ 关键帧：关键帧是用于描述一个镜头的关键图像，它通常会反映一个镜头的主要内容。关键帧的提取是视频分析和剪辑的基础。将视频分割成镜头后，一般可以将每个镜头的首帧或末帧作为关键帧。

❹ 帧速率：指每秒所显示的帧数，常用fps作为单位。例如帧速率为24 fps，表示视频每秒显示24帧图像。常用的帧速率有24 fps、25 fps、29.97 fps、30 fps等。帧速率越高，每秒显示的图像就越多，给人的视觉感受就越流畅。在PR中，要查看一个视频的帧速率，可以在存储素材的文件夹中右击该视频，在弹出的快捷菜单中执行"属性"命令；在弹出的对话框的"详细信息"选项卡下就能看到该视频的帧速率。

❺ 入点/出点：入点/出点是指在视频中标记的开始位置/结束位置，又称为开始标记/结束标记。通过设置入点和出点，可从较长的视频中选取一部分。在PR中，可以使用"节目"面板监视器设置入点和出点。

❻ 时间轴：剪辑中的时间轴是指视频编辑软件中用来安排和组织视频、音频和图像素材的工具。在时间轴上，媒体素材被放置在时间线上的特定位置，以便编辑人员可以按照需要调整它们的顺序、长度、剪辑点等等，从而制作出最终的视频作品。时间轴通常由一个水平方向的时间线和一个垂直方向的图层列表组成。图层列表则表示不同的媒体素材，每个素材都可以放置在特定的图层上，以便编辑人员轻松地控制和调整不同素材的位置和出现时间，还可以在时间轴上添加过渡、音频效果、特效等等，以增强视频的表现力和视听效果。

❼ 轨道：轨道是时间轴上的层，包含序列中的音频或视频片段。它也指视频素材中单独的音频和视频轨道。在PR中，一个序列可以有多个视频轨道

图8：图中展示了如何有效安排时间线。首先我们可以利用word、OneNote、印象笔记、记事本等电子笔记软件记录分镜头剧本。再将这些笔记软件与剪辑软件并置，为剪辑提供参考。时间线上可以有几百层的内容，怎么安排它们？我们要把同类的视频或音频安排在一起，在排列音频的时候，可以按照对话、音效、环境音、音乐这样的顺序有效地安排音轨。

图8

或音频轨道，最多可以有99个视频轨道和99个音频轨道。

❽ 修剪：修剪是指精确地增减片段入点或出点附近的帧。修剪操作是通过对多个编辑点进行微调来精编序列的。

剪辑视频的流程：

❶ 导入素材：将需要编辑的视频、音频等素材导入PR中。

❷ 剪辑素材：使用工具栏中的选择工具，对素材进行裁剪、分割、删除等基本编辑操作。可以使用快捷键，提高效率。

❸ 排序剪辑：将编辑好的素材按照顺序排列，可以通过拖拽、复制等方式来实现。

❹ 添加特效：PR中有丰富的特效工具，可以通过添加特效来改变视频的色彩、亮度、对比度等参数，也可以添加转场效果来让视频更加流畅。

❺ 调整音频：通过音频编辑工具可以调整音量、降噪、混响等参数，可以使音频更加清晰明亮。

❻ 导出视频：在完成编辑后，可以将视频导出为不同格式的文件，也可以选择直接上传到云端。（如图8）

## （2）技术转场

视频作品中表现场景转换、展示时间变化和表达情节变化时都涉及转场，而转场绝对不是一个个镜头或一组组段落的简单相加，是根据观众的心理要求做出的与作品主题和核心思想高度吻合的某种审美。短视频制作常常会使用技术转场，技术转场是指使用编辑软件或特效工具来实现视频片段之间的平滑过渡效果。这些转场效果可以增加视频的

视觉吸引力，提升观看体验，并使视频内容更具连贯性。（如图9）技术转场有以下几种方法：

❶ 交叉叠化：也称为"淡入淡出"，上一组镜头画面隐隐地淡去，逐渐变透明直至消失，而在淡去的过程中下一组镜头的画面已经开始逐渐由透明变为清晰，两组镜头之间的变化是叠加在一起发生的。这一过程有长短快慢之分，在实际运用中由影片的情节、节奏和情绪来决定。交叉叠化可以表现明显的空间转换和时间过渡，一般用于不同段落或同一段落中不同场景的在时间或空间上的分割，强调前后段落或镜头内容的关联性，使过渡效果自然且不生硬。交叉叠化也偶尔用来表示人物的想象，链接人物描写画面与想象或者回忆的画面。

❷ 黑场过渡：上一场的最后一个镜头画面隐隐地淡去，在完全淡去之后，有一个屏幕完全黑掉的过程，在这之后下一个镜头才开始淡淡地显现出来。我们也可以将其理解为交叉叠化的前后两组镜头中间加入了一段黑场。与交叉叠化相同，它也有长短快慢之分，由影片的整体节奏所决定。

❸ 划像转场：划像一般用于两个内容意义差别较大的段落转换，前一组镜头从某一方向退出荧屏称为划出，下一组镜头从某一方向进入荧屏称为划入，在视觉的连贯性上有明显的隔断效果。

❹ 翻转、翻页转场：翻转转场是指将一个视频片段或画面沿水平或垂直方向进行翻转的效果。这种转场方式可以给人以独特的视觉感知，使观众感到画面发生了突变。翻页转场模仿了翻书

图 9："StudioBinder"工作室用短视频解释了技术转场的几种方式：1. 淡入淡出，通过逐渐增加或减少画面的亮度来实现平滑过渡。淡入使得画面从黑暗中浮现出来，而淡出则使画面逐渐变暗并消失。2. 溶解，在该转场中，两个镜头同时存在一段时间，一个镜头逐渐淡出，而另一个镜头逐渐淡入，创造出平滑的过渡效果。3. 匹配剪辑，这种转场方式通过在两个镜头之间找到相似的元素，将它们连接起来。4. 光圈变焦，该转场通过一个小的圆形光圈逐渐扩大或缩小来实现过渡效果。当光圈从中心扩散时，旧的画面逐渐被新的画面替代；反之亦然。5. 擦除，这是一种通过一个画面从屏幕的一侧或另一侧推动另一个画面来取代的转场方式。擦除可以采用各种形状，例如直线、圆形、对角线等。6. 经过转场，在这种转场中，可以使用运动的元素、物体或人物来遮挡过渡。7. 快速移动，这是一种高速移动摄影机的转场方式，其效果类似于模糊和扭曲的画面。通过快速移动摄影机，将一个镜头的运动模糊转换为另一个镜头的运动，创造出强烈的转场效果。这些技术转场方式各具特色，可以根据剧情需要和个人创意选择适合的方法，以实现平滑而有趣的视频过渡效果。

图9

或翻页的动作。通过将画面从上一页或下一页切换到当前页，营造出翻书的效果。这种转场方式常用于展示不同场景或时间段之间的切换。

❺ 虚实互换：指在两个画面之间迅速地切换，并使用特效或技术手段将一个画面变为透明或半透明状态，同时另一个画面成为实体。这种转场方式可以产生出奇特的效果，使得观众感到画面发生了幻觉或变换。

❻ 甩入甩出：是一种快速而有力的转场方式。在甩入转场中，一个画面突然从画面边缘或角落飞速进入，填满整个画面。而在甩出转场中，一个画面也同样快速地从画面中央飞出到边缘或角落。这种转场方式常用于强调某个场景或元素的出现或消失。

**（3）字幕设计**

短视频中的字幕可以对画面内容起到强调、提示、补充或说明等作用。合理地运用字幕可以增加画面的信息量，促进观众对画面内容的理解。此外，字幕作为画面中的艺术元素，本身也是形象直观的视觉符号，在画面中适时、适度地出现字幕，还能对画面起到一定的点缀作用。为短视频作品添加的字幕必须满足准确性、一致性、清晰性、可读性四大要求，才能发挥应有的作用。

❶ 准确性。准确性是指字幕一定要准确，不能出现错别字、病句、误用标点符号等低级错误。

❷ 一致性。一致性主要是指字幕的呈现形式在整个作品中要保持一致，这对观众理解作品至关重要。例如，交代背景信息的文字统一使用一种字体格式，显示人物对话内容的文字则统一使用另一种字体格式。

❸ 清晰性。作品中人物之间的谈话、作品的补充说明等内容，以清晰的字幕来呈现的话可以提高作品的可读性。理想的字幕会从字体、字号、字间距等多个方面考虑，字幕设计既要符合大多数人的阅读习惯，又要确保文字在背景上显示清晰而醒目。

❹ 可读性。字幕需要观众主动阅读，所以字幕要停留得足够久，尽量与画面同步，同时不能遮盖画面的重要内容，这样的字幕才具备可读性。短视频的时长较短，字幕不能一闪而过，要给观众留出阅读、理解和记忆的时间。

滚动字幕能够产生运动感，让画面效果更加丰富。滚动的方向可以是文本从画面左侧向右侧滚动，也可以是文本从画面底部向顶部滚动。利用PR中的"响应式设计"→"时间"能够快速创建滚动字幕效果。

PR软件使用自动语音识别技术来自动生成字幕。当你在PR导入一个视频或音频文件，并选择"自动生成字幕"选项时，PR会将语音转换为文本，该文本会被自动分配到视频或音频的时间轴上，并根据音频和视频的时序信息进行同步。如果需要翻译成不同语种，PR也可以通过机器翻译技术将其翻译成所需的语言。需要注意的是，自动生成的字幕和翻译可能会有一些误差，特别是在语音质量较差或语音口音较强的情况下，因此，需要检查和编辑自动生成的字幕和翻译，以确保它们准确无误。（如图10、图11）

图10：图中展示了新闻短视频字幕的不同表现方式。

图11：图中显示了PR软件中自动语音识别系统，里面标明了五个步骤。一、找到字幕界面与需要翻译的音轨；二、在字幕界面选择你要翻译的语种；三、在翻译界面找到"翻译"按钮并确认；四、在样式库里找到需要翻译字体的样式；五、最后还可以在图形模板中选择静态或动态字幕，调整到合适外观。

图 10

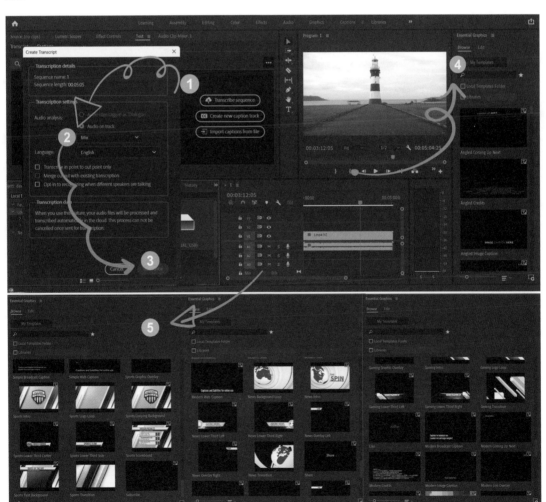

图 11

## 3. 创意特效，震撼视觉

相对于过去50年，电影镜头的切换频率大大增加，这可能是受电视广告的影响，使我们习惯于快餐化的视觉语言，这种语言的出现是为了在昂贵的广告时段压缩进更多的信息并吸引与维持观众的注意力。短视频与电影院观影不在一个美学系统，短视频周围充满与之争夺注意力的事物，手机必须让视频在那个方寸世界里耀眼闪亮，短视频必须快切、跳切、镜头猛扫、动作夸张，才能抓住你的眼球。在现今短视频充斥的海洋中，特效成了许多创作者制作精彩短视频的重要组成部分。下面将介绍几种常见的创意特效。

### （1）巧用变速

❶ 慢动作：将视频的播放速度放慢，可以让人物动作看起来更加细腻，也可以突出某些画面的细节。这种特效在拍摄运动、舞蹈等视频时非常常见。比如在拍摄朋友朝你飞奔而来的画面时，你可以通过慢动作效果体现好朋友难得重逢的喜悦；比如在拍摄人物在大自然中行走的画面时，你可以通过慢动作效果展现人与自然更加融合的感觉。

❷ 快进：将视频的播放速度加快，可以让整个画面变得更加紧凑，也可以增加视频的节奏感。这种特效经常用于展示日常生活、旅游风景等视频。

❸ 变速交替：通过在剧情关键点交替使用变速，可以使视频更具有张力和戏剧性。这种效果可以增强观众的情感投入，从而使视频更加引人注目。将

图12：来自加拿大多伦多的短视频导演马克·博恩（Mark Bone）分享了他对变速视频的感悟，他分别用24、60、120的帧速率拍摄同一画面，最后将成像效果并置给观众看，观察后发现，随着帧速率的增加，视频的动态表现更加逼真，较高的帧速率可以更好地捕捉和呈现物体的细节和运动，使观众感到画面更加生动和真实。

图12

慢镜头和快镜头交替使用还可以产生令人兴奋的效果，这对于表现一些音乐视频和激烈的场景非常有用。同时，在视频剪辑中使用交替变速可以帮助观众更好地关注一些重要的细节。例如，通过使用慢速镜头来强调一个人的面部表情或动作，或者使用快速镜头来突出一个重要事件，这些效果都可以让观众更好地理解视频中的故事情节。（如图12）

**（2）蒙太奇特效**

蒙太奇特效早期是一种电影剪辑技术，通过将多个独立的镜头或图像片段组合在一起，以创造出新的意义、产生情感冲击或传达复杂的概念。这种剪辑技术最早由俄罗斯导演谢尔盖·爱森斯坦（Sergei Eisenstein）在其电影作品中引入并广泛使用，成了电影语言中重要的手法之一。蒙太奇特效通过快速、连贯地剪辑不同的镜头或图像片段，以时间、空间或意义上的连接来创造新的信息和情感效果。它可以被用于强调、对比、表达情感、建立紧张氛围或展示复杂的观点。蒙太奇特效通过不同片段的关联和组合，超越了单个镜头的能力，使得整体的影片具有更加丰富、动态和戏剧性的感觉。短视频创作中，蒙太奇技术可以用于创造出一些抽象的视觉效果。通过组合形状、颜色和运动，创造出一些非常漂亮的图案和图像，使视频更加具有创意性和吸引力。绿幕等蒙太奇合成还可以帮助短视频制作者节省时间和成本，通过添加特殊效果，如光晕、闪烁、色彩滤镜等，产生出一些非常引人注目的视觉效果，使视频更具有表现力。（如图13）

**（3）移形换影**

说到"移形换影"，首先想到的就是武侠片中的高深功夫吧？移形换影是一种常见的特效，它通过不同场景之间切换，达到场景转换的效果。这种特效常被用于改变人物装扮或表现不同情绪，通过人物转身、画面切换等手法，

图13：同一人在同一空间出现在不同方位的方式，这种技巧被称为"反复运动"。通过应用蒙太奇特效，可以将同一角色复制并插入场景中的其他位置，使其几乎同时以不同的方位出现。这种技术的目的是强调该角色的存在感、重要性或情感状态的变化。通过在不同位置同时出现的视觉效果，观众会感受到角色在空间上的存在性和活动性，从而产生一种紧张感、混乱感或戏剧性的效果。这种蒙太奇特效常用于表达角色的内心冲突、分裂个性、幻觉或时间错乱等概念。它可以给观众带来不寻常、令人困惑或令人着迷的观影体验，并为故事情节增添复杂性和深度。

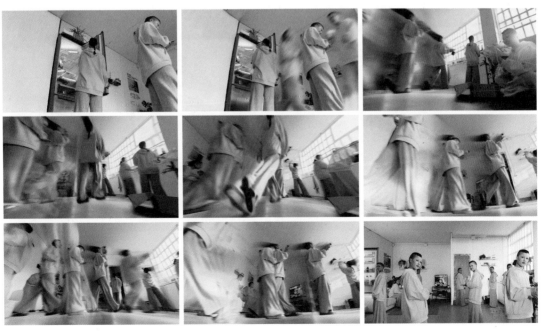

图13

图14："Brandon B"是一位在YouTube上以视频特效方面独具潜力和创造力的博主。他的视频特效作品包括对实际拍摄素材进行改编和增强，例如添加虚拟元素、改变背景、制作特殊场景等。火车站的轨道摇身一变成了呼啦圈，人物形象随着呼啦圈的滚动迅速变装。他善于利用数字合成和图像处理技术，创造出逼真的视觉效果，让观众们感受到与众不同的视觉冲击力。

将一个角色的不同状态快速切换，增加了视频的趣味性和吸引力。移形换影视频是怎么拍摄的呢？

❶ 人物保持一个姿势不变。

❷ 尽可能让镜头和人物之间的距离保持不变，且人物在镜头中的位置也不变。

❸ 在每个场景中，以人物为主角在一个地点拍摄一条视频，然后沿运动路线移动一小段距离，再拍摄一条视频，依次拍摄三至五条。切换场景后，依然按此方式拍摄。这样最终看起来才是"移形"。如果每个场景只拍摄一条视频，就只有"换影"，而没有人物移动的观感。尽可能多地切换场景，让画面感更丰富。（如图14）

**（4）瞬间移动**

瞬间移动是一种通过剪辑手法实现的特效，可以让物体或人物瞬间从一个地方移动到另一个地方。瞬间移动比移形换影稍微简单，它是指视频主角每次跳跃都会转换一个场景，仿佛可以瞬间移动。这种效果仿佛开启空间任意门，很适合出门旅行时拍摄，比简单的拍照留念更有创意。瞬间移动视频要怎么拍呢？（如图15）

❶ 保持人物在镜头里的位置不变，同时保持人物和镜头之间的距离不变。

❷ 人物在每个场景中拍摄两次跳跃动作，其中一次用作上次跳跃落下的部分，另一次用作起跳的部分。

❸ 跳跃动作尽量保持一致，人尽量跳得高一些，方便后期剪辑。

❹ 将每个场景中人物跳跃到最高点时作为剪辑点。如果第一个场景是人

物跳到最高点，则衔接的第二个场景是人物从最高点落地。以此类推，剪辑后就可呈现瞬间移动的效果。

**（5）快速换装**

快速换装是指在视频中通过剪辑手法，让人物瞬间换上不同的服装，达到快速转换场景的效果。快速换装被广泛运用，比如在表演节目时，选手会在短时间内换上不同的服装，快速展现多种风格和形象，增强了视频的观赏性和趣味性。快速换装视频要怎么拍呢？（如图16）

❶ 如准备五套衣服，需要拍摄五条视频；对于每套衣服，需要拍一条从座位起身走到镜头前的视频作为素材。

❷ 在每次拍摄过程中，人物行走的速度、步伐的长度，以及展示的手势，应尽可能保持一致，从而保证拼接后的动作连贯性更强。

❸ 按照换装步骤依次排序，根据音乐节奏对视频进行剪辑，让人物的距离和动作保持连贯性。

❹ 在每次换装效果展示前，可以加入类似"闪白"的特效，可以让换装的过程不那么突兀。

**（6）抖动特效**

如今视频创作者也大张旗鼓地表现粗糙、混乱、令人视觉不适的东西，通过暴露技术故障，让人们再次思考习以为常的观念。他们不仅展示了批判性，还生动地描绘出种种数字生活经验，驱逐意义和理性，模糊艺术与非艺术的边界，比如在画面中加入一些抖动的效果，或是借助错位、拉伸、扭曲的符号表现电子科技的未来感，图17中笔者模

图15："Brandon B"还在YouTube上分享了许多有关视频特效制作的教程和技巧。他的教程通常深入浅出，易于理解，帮助其他创作者学习和掌握视频特效制作的技术和方法。这则视频展示了如何在瞬间让对象消失并变换成粒子，前期拍摄的粒子视频结合后期的合成，创造出逼真的瞬间移动的视觉效果。

拟了数字故障的效果。这种效果可以给视频或图像增加一种颤动、扭曲、噪点等视觉上的错乱感。具体可以在After Effects（简称AE）软件里这样操作：

❶ 导入素材：首先，将您要应用抖动效果的视频素材导入AE软件中。可以将素材拖放到项目面板中，或通过菜单选择将素材导入。

❷ 创建复合层：选中素材，在菜单栏中选择"Layer"→"New"→"Solid"，创建一个全新的复合层。

❸ 添加效果：在复合层上，右键点击，选择"Effect"→"Channel"→"Shift Channels"，将该效果应用于复合层。这个效果可以将红、绿、蓝三个色相进行分离。

❹ 调整参数：在"Shift Channels"

图16：彼得·崔西（Peter Drazy）在YouTube与抖音上同步分享了如何用手机实现换装特效的技巧，如何在换衣服时进行转场是拍摄时的重点，确保在换装时动作和姿势能够流畅地连接起来，避免突兀的中断。在换装过程中，保持一致的光线和背景条件，以确保转场时的连贯性。

图 16

图 17：笔者利用 AE 软件给视频增加一种视觉上的失真、颤动、噪点等错乱感。

效果控制面板中，您可以调整以下参数来实现故障效果。

Take Red From：设置红色通道分离。

Take Green From：设置绿色通道分离。

Take Blue From：设置蓝色通道分离。

❺ 尝试将红、绿、蓝三个色相的取值设置成不同的通道，或者使用表达式来随机选择通道，以获得更多变化的抖动效果。

❻ 还可以在复合层上添加其他的效果，例如"Noise & Grain""Displacement Map"等，以增强抖动效果的错乱感和噪点。

❼ 调整动画：可以在时间轴上对复合层进行关键帧动画设置，尝试使用不同的时间偏移、随机间隔和不规则变化，使得抖动效果看起来更加随机和不稳定。

❽ 渲染和导出：完成抖动效果后，可以通过菜单选择"Composition"→"Add to Render Queue"，将合成添加到渲染队列中，然后进行渲染和导出最终的短视频。

**（7）音乐节拍特效**

声音是大脑把握时间的最佳媒介，因为音符的组合依赖于时间的延续。短视频通过音乐来传达创作者对于客观现实的主观感受，表达情绪高潮和视觉节奏，从而增加视频的视觉吸引力和艺术价值，让观众留下更加深刻的印象。有许多短视频成功地应用了特效来吸引观众和提高影响力。在After Effects中，我们可以利用表达式将音频与图形进行关联，以实现音频可视化效果。下面（如图18）是一个简单的步骤来完成这个任务：

❶ 导入音频和图形：将您要使用的音频和图形素材导入AE项目中。

❷ 创建图形层：创建一个图形层，用于表示音频的可视化效果。可以使用文字图层、形状图层、纹理图层或其他自定义的图层类型。

❸ 添加表达式：在图形层的属性中，找到图层的宽度或高度属性，点击该属性旁边的钟表图标，打开属性的表达式编辑器。

❹ 编写表达式：在表达式编辑器中，您可以编写表达式来建立音频与图形大小的关联。让图形的大小随着音频振幅的变化而改变，可以用下列表达式：

amplitude = thisComp.layer（"音频层"）.effect（"音频振幅"）（"滑块"）；// 获取音频层中的振幅

scaleValue = linear（amplitude, 0, 100, 50, 200）；// 根据振幅值映射图形的大小范围

[scaleValue, scaleValue]；// 返回宽度和高度的数值数组

在上述表达式中，我们首先使用thisComp.layer（"音频层"）.effect（"音频振幅"）（"滑块"）获取音频层中的振幅值。然后，使用linear函数来将振幅值从输入范围（在此示例中为0到100）线性映射到输出范围（在此示例中为50到200）。最后，使用返回的数值数组来设置图形层的宽度和高度。

❺ 关联音频层："音频层" 点击右键，找到将音频转换为关键帧。

❻ 调整表达式参数：根据音频和图形的具体需求，您可以修改表达式中的输入范围、输出范围以及其他参数，以获得所需的效果。

❼ 预览和调整：回到主界面，播放预览，看看图形层的大小是否根据音频振幅的变化而相应改变。如果需要进一步调整，可以返回表达式编辑器进行修改。

通过这种方式，我们可以根据音频的特征（如振幅、频谱等）自动调整图形的大小，创造出与音频相匹配的动态可视化效果。听众不仅获得了听觉上的享受，同时也获得了视觉上的审美体验，通过听与观的结合，产生了心灵上的共鸣。

短视频以快速、轻松和有趣为特点，而使用视频特效可以使短视频更具创意和趣味性，从而吸引更多观众的关注和点赞，提高其影响力和传播效果，帮助品牌或个人扩大影响力，吸引更多的观众和粉丝。视频特效可以强化短视频的情感表达和故事叙述。通过运用不同的视觉效果，可以让观众更好地理解和感受短视频中的情感和故事情节，从而引起观众的情感共鸣。同时，视频特效还可以提高短视频的专业水平和品质，这对想要在竞争激烈的短视频市场中脱颖而出的创作者来说尤为重要，对品牌营销、社交媒体推广和个人创作都具有重要的意义。

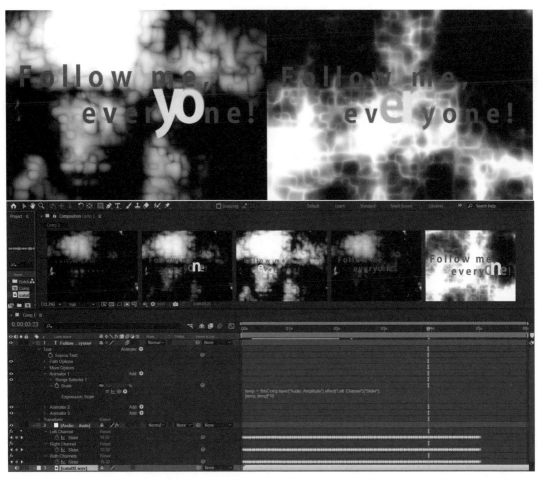

图 18

（六）
图文包装，
短视频的优化与发布

1.挖掘视觉锤与语言钉，点亮标识

2.设计视频封面

3.优化数据，提高权重

# （六）图文包装，短视频的优化与发布

细节不仅是细节，而是构成整体设计的重要因素。

——查尔斯·埃姆斯（Charles Eames）

好的设计是显而易见的，而伟大的设计则是透明的。

——乔·斯帕拉诺（Joe Sparano）

标题是短视频的第一道门槛，它要用简短、精准的语言传达出视频的主旨和意义，是观众了解视频内容和主题的重要窗口，它可以唤起人们对生活、人性、情感等方面的思考，甚至触及人生的哲理。出色的短视频标题与封面不仅仅是吸引眼球，还要具有艺术的气质和深层的思辨力，它们通过情感、态度和哲理的传递，唤起观众内心的共鸣和文化内涵的多重体验。即使时间只有几秒钟，它们也能给予观众丰富的感受和启发。

# 1. 挖掘视觉锤与语言钉，点亮标识

当我们观察那些正在学习阅读的孩童时，我们会经常发现他们在读书时不经意间会动动嘴唇。为什么他们会有这种表现呢？因为他们正在把看到的文字词汇转换成他们能够理解的声音。成年人在阅读的时候就不会动嘴唇了，但为了理解这些文字，他们仍然会把它转换成声音。读者理解印刷出来的文字会有延时，因为人们的大脑由两部分构成：处理声音的左脑和处理视觉的右脑。人们看到的文字作为视觉进入右脑，被解码，再传输到左脑，然后被转换成声音，这一过程需要大约40毫秒的时间。听起来40毫秒并不长，但试想一下：如果交通信号灯不再是颜色的视觉，而是通过声音发出警示，那么马路上的交通

事故恐怕会越来越多，因为你的右脑能立刻识别视觉符号，并且不需要转换成语言。因此，你才能在交通信号灯转变颜色的时候快速做出反应。视觉锤的概念最早由劳拉·里斯（Laura Ries）在《视觉锤》一书中提出。视觉锤是一个非语言信息的视觉符号，核心是以打造品牌为中心，以竞争导向和进入消费者的心智为基本点，其作用是在消费者的头脑中占据一个有价值的、可识别的视觉符号。视觉锤有时候不是一个单独的元素，而是一种元素的特定组合。甚至于通过几种元素的特定组合，最终形成固定范式和众所周知的思维定式。短视频里也需要挖掘视觉锤。通俗来讲，设计标志性的东西，如一个标识，会让观

图1："Andymation"是YouTube上受欢迎的定格动画账号，其形象是一个正在翻书的定格小人，这与他短视频封面形成了呼应。翻书小人作为一个非语言信息的视觉符号，创造了一种强大的视觉印象，给人留下深刻的印象和记忆。

图1

图2

众记住你的模样。（如图1）

短视频中的语言钉指使用具有强烈表达力或决定性影响的关键词语或短语，吸引观众注意力，并传达出特定的信息或情感，消费者接触最多的语言信息符号，属于语言钉的核心部分。简单来说，解决什么需求，一句话概括定位品牌广告语。语言钉还通过重复让用户放弃思考，不用思考，一有需求马上就想起你。在营销的历史长河中有5大技巧可以提升语言钉的表达力：押韵、缩小焦点、重复、反差、双关。

在逻辑框架确定的前提下，很多互联网企业经常做 AB 测试。AB测试是一种常用的实验设计方法，用于比较两个或多个变体的效果，并确定哪个变体在某个指标上表现更好。它通常用于用户界面设计、产品改进等领域。在AB测试中，首先确定一个目标指标，如点击率、转化率、用户满意度等。然后，将目标群体随机分成两个或多个组，每组都有不同的变体应用。其中一个组使用A变体作为对照组，另一个组使用B变体作为实验组。随后，收集和比较每个变体在目标指标上的数据表现。通过对比不同变体的表现，我们可以得出结论，确定哪个变体的效果更好。这种方法能够帮助决策者更科学地做出决策和优化产品、服务等方面的策略。AB测试的结果往往更加客观可靠，因为它能够排除其他因素的干扰，对比各个变体的真实效果。我们把批量短视频可替换的标题做测试，哪个可以解决痛点，更吸引消费者，就采用哪个标题方案。此时逻辑分析是框架，AB 测试是细节，先有框架，再有细节。（如图2）

抖音的语言钉是"记录美好生活"。它为什么要起这个口号？目的是什么？为了击中最多的用户，它就必须要找到一个所有人都感兴趣的东西，比如说分享。它希望每个人都可以分享，每个人都可以上传自己的视频，这样才能增加平台的黏性，才能源源不断地获取用户自发贡献的内容。

当我们选定语言钉之后，如何设计字体并排版？短视频的封面标题设计需要考虑几个因素，包括视频内容、受众群体以及平台规则等等。以下是一些常用的标题设计方法。

（1）简短明了的标题：短视频封面标题应该简洁明了，能够概括视频内容并吸引观众的注意力。

（2）关键词突出：为了提高视频在搜索引擎上的曝光度，可以在标题中加入关键词，让用户更容易找到你的视频。

（3）使用亮眼的配色：选择醒目的颜色和字体可以让你的封面标题更加吸引人，引导用户点击观看。

（4）利用emoji（表情符号）：可以考虑在标题中加入一些适当的表情，来提高用户对视频的印象和记忆度。

（5）针对目标受众：根据不同平台的用户群体特点，可以选择不同的语言、文化背景和风格来设计封面标题，以吸引更多目标受众的关注。（如图3、图4）

图3：下图展示了几种竖屏短视频的常用构图形式，黄金分割比的理念贯彻于其中。

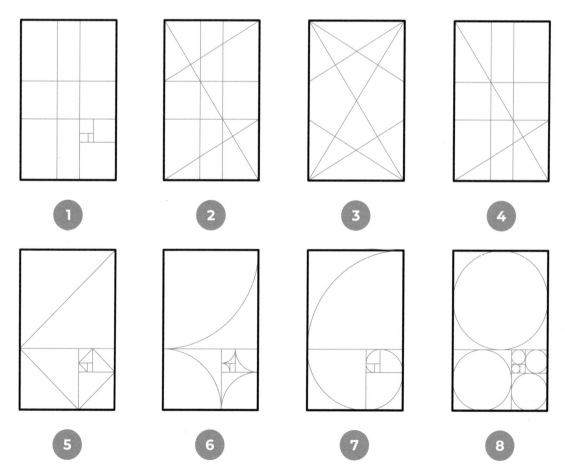

图3

| 封面 | 时长 | 标题 | 播放量 / 日期 |
|---|---|---|---|

**宋** `03:25`
明朝才有宋体？黑体是日本舶来品？宋黑仿楷的起源 -
▶ 36.1万　2022-4-20

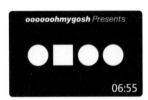 把所有汉字叠起来。`07:08`
把所有汉字叠在一起，会看到什么？- oooooohmygosh
▶ 631.7万　2021-1-18

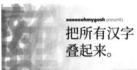 「　」 " " `09:28`
一件吵了100多年的小事…… -
oooooohmygosh
▶ 80.4万　2022-4-9

龐 `30:37`
【录播】oooooohmygosh对谈徐冰活动
▶ 8.2万　2022-3-27

**得意黑** `05:36`
我用400天，做了一款让所有人免费商用的开源字体
▶ 230.2万　2022-11-15

■ ● ■ `06:55`
它的设计为什么不一样？
▶ 43.7万　4-7

要怎样才算好标志？ `14:21`
【设计师电台】怎样的标志才算是好标志？-
▶ 27.4万　2021-2-28

为什么有两种 a？ `05:48`
【字体说明书】样式篇 -
oooooohmygosh
▶ 47.4万　2021-2-27

偉 大 的 漢 字 TYPE DESIGN `06:01`
被忽视的设计：中文字体 -
oooooohmygosh
▶ 155.7万　2020-10-12

中文 排版 「主体文字」 TYPOGRAPHY `04:03`
中文排版的高级感：主体文字篇 - oooooohmygosh
▶ 111.4万　2020-9-16

丰 中 书 合作 临 `11:18`
逐个画出来的印刷字 -
oooooohmygosh
▶ 28.5万　2021-5-21

设计师 UP 的几句心声。 `01:59`
设计师UP的几句心声 -
oooooohmygosh
▶ 36.5万　2021-5-17

标点） （细节 `13:27`
调整标点，快速拯救你的排版。- oooooohmygosh
▶ 35.5万　2021-10-6

使用 iPhone 打字。 `05:54`
几件小事，快速拯救你的排版。- oooooohmygosh
▶ 73.3万　2021-8-30

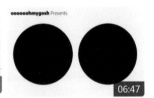 `06:47`
当它们重叠在一起 -
oooooohmygosh
▶ 254.5万　2021-2-22

你能看出区别吗？  `05:28`
曲线，一个更接近完美的答案 -
oooooohmygosh
▶ 286.1万　2020-12-29

**宋 宋** `06:31`
把宋体放大100倍会看到什么？- oooooohmygosh
▶ 79.2万　2022-10-21

○ `06:19`
为什么很多东西都被设计成圆形？
▶ 292.5万　2022-10-14

800秒 拯救排版 TYPOGRAPHY #1 `03:57`
非设计师也该学的排版知识：视觉动线篇 -
▶ 188.2万　2020-7-17

 平面之外。 `04:47`
平面之外，仍是设计
▶ 44万　2020-4-1

图 4："oooooohmygosh" 是 B 站受欢迎的探讨字体的博主，其短视频封面中使用的字体经过精挑细选，通常会根据视频内容和个人风格选择相应的字体。在封面设计中，他注重字体的排列和布局，通过合理调整字间距、行间距以及字体大小，使得文字整齐而富有艺术感。

## 2. 设计视频封面

短视频封面设计上保持个性需要综合考虑多方面的因素，包括视频内容特点、构图、个人风格等，既要创意，也要实用。整齐而富有仪式感的首页排版会有效地增加转粉率，下面是一些关于如何设计短视频封面的建议和技巧。

（1）选择有吸引力的关键画面或截图：封面需要引起用户的兴趣，并让观众对视频内容产生好奇心。因此，在封面中选择关键画面或截图是至关重要的。这些画面可以是视频中最有趣、最激动人心或最吸引人的部分。可以根据视频主题，运用特殊的颜色、图案、字体等元素，展现独特的风格和主题。（如图 5）

（2）采用独特的构图：可以采用不同于常规的构图方式，例如利用对称、不对称、透视等构图方法，营造出独特的视觉效果。同时也可以利用不同的图层和排版方式来设计独特的封面。（如图 6）

（3）突出个人风格：视频封面要求风格统一，简洁明了。封面的边框、封面包装、封面字体可以进行统一的规范和要求。这样用户在看你以前的作品的时候才会更加方便，有一个非常好的第一感观。在设计封面的过程中，可以通过选择特殊的配色方案、字体、图案等元素来打造自己的独特风格。（如图 7）

（4）吸引人的缩略图：在设计封面时，需要注意缩略图的尺寸和显示效果，缩略图需要吸引目标受众的注意力，同时也要让人能够清楚地看出视频的主题和内容。（如图 8）

（5）创意与实用并重：在保持个

图5：科技主题的短视频利用抽象的插画元素来传达科技的概念，运用几何形状、线条和符号等来代表科技、创新和未来感。下图展示了动态封面在AE软件中利用遮罩等技术突出关键画面。

图6：创作者将文字嵌入图形之中，以形成有趣的组合，选择与图形风格相协调的字体，使字体与图形元素之间形成一种统一的视觉样式，将文字融入图形的轮廓或者空白部分中，营造出独特的视觉效果。图中展示了AE软件中设计的动态字体，为封面创造动感。

图 5

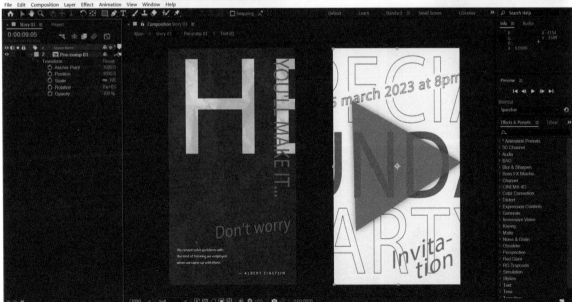

图 6

图 7

APALAPSE

**Apalapse** ✓
@Apalapse 16.9万位订阅者 47 个视频

Hello everyone and welcome to Apalapse! On this channel you will find a w... ›

订阅

首页　视频　SHORTS　播放列表　社区　频道　简介　🔍

**Welcome to Apalapse**

8,265次观看 · 2年前

I thought I would make a new intro video because it's been awhile and I'm back creating videos on a more rigid upload schedule. Big things are coming soon and I'm excited to share some new projects I've been working on!

Subscribe: http://bit.ly/3tx31dx
Website: http://bit.ly/3cwxr8H...
了解详情

首页　视频　SHORTS　播放列表　社区　频道　简介　🔍

**Astrophotography 101** ▷ 全部播放

| | | | | | |
|---|---|---|---|---|---|
| Astrophotography 101 - What Is Astrophotography? | Astrophotography 101 - Eliminating Star Trails | Astrophotography 101 - Lens Guide and Recommendation | Astrophotography 101 - Useful Accessories | Astrophotography 101 - Lens Guide and Recommendatio... | Astrophotography 101 - How to Find the Milky Way |
| Apalapse ✓ | Apalapse ✓ | Apalapse ✓ | Apalapse ✓ | Apalapse ✓ | Apalapse ✓ |
| 2.7万次观看 · 6年前 | 3.8万次观看 · 5年前 | 49万次观看 · 5年前 | 2.2万次观看 · 5年前 | 13万次观看 · 2年前 | 2.1万次观看 · 2年前 |

**Camera Basics** ▷ 全部播放

| | | | | |
|---|---|---|---|---|
| Camera Basics - Aperture | Camera Basics - Focal Length | Camera Basics - ISO | Camera Basics - Shutter Speed | 25 Technical Photography Terms Every Beginner Must... | Camera Basics - Equivalent Exposures |
| Apalapse ✓ | Apalapse ✓ | Apalapse ✓ | Apalapse ✓ | Apalapse ✓ | Apalapse ✓ |
| 305万次观看 · 6年前 | 60万次观看 · 6年前 | 65万次观看 · 6年前 | 40万次观看 · 6年前 | 15万次观看 · 5年前 | 11万次观看 · 4年前 |

**Two Minute Tutorials** ▷ 全部播放

| | | | | |
|---|---|---|---|---|
| How to Photograph the Milky Way in 2 Minutes | How to Focus Stack in 2 Minutes | How to Photograph the Moon in 2 Minutes | How to Create Star Trails in 2 Minutes | Editing Milky Way Photos in 2 Minutes |
| Apalapse ✓ | Apalapse ✓ | Apalapse ✓ | Apalapse ✓ | Apalapse ✓ |
| 31万次观看 · 6年前 | 2万次观看 · 5年前 | 3.2万次观看 · 5年前 | 2.3万次观看 · 5年前 | 3.2万次观看 · 4年前 |

**Complete Guides** ▷ 全部播放

| | | | |
|---|---|---|---|
| A Complete Guide to Aurora Photography | A Complete Guide to Timelapse Photography | A Complete Guide to Panoramas | Complete Guide to Milky Way Photography |
| Apalapse ✓ | Apalapse ✓ | Apalapse ✓ | Apalapse ✓ |
| 4.9万次观看 · 5年前 | 11万次观看 · 4年前 | 1.3万次观看 · 4年前 | 1.2万次观看 · 2年前 |

**Photography Tips** ▷ 全部播放

| | | | | |
|---|---|---|---|---|
| Photography Tips - Five Tips for Better Landscape... | 5 Biggest Photography Misconceptions | 7 Tips to Get Sharper Photos | Sky Replacement Tutorial in Photoshop - Replace ANY... | How to Get 2 MONTHS of Adobe Creative Cloud FREE! |
| Apalapse ✓ | Apalapse ✓ | Apalapse ✓ | Apalapse ✓ | Apalapse ✓ |
| 10万次观看 · 5年前 | 12万次观看 · 5年前 | 8.1万次观看 · 5年前 | 1989次观看 · 1年前 | 1.5万次观看 · 1年前 |

图 8

图7: 应用马赛克滤镜来处理封面图像，短视频封面呈现出像素化的效果，通过调整马赛克单元的大小和密度，可以控制图像的模糊程度和细节显示，保持一部分区域的清晰和明亮，与其他模糊的马赛克部分形成对比。这种对比突出了封面上的关键元素，并能吸引观众的注意力，为视频封面带来与众不同的个性化效果。

图8: "Apalapse"是一个在YouTube上受欢迎的摄影师，他的短视频封面呈现出高度的一致性。特别引人注目的是，他为每个视频的摄影原理都精心设计了通俗易懂的原理图，而不仅仅是简单地展示作者或关键词。这种做法在视觉上更具吸引力，并且提供了对摄影原理的直观解释。原理图的添加进一步提升了封面的吸引力和信息传达效果。这样的封面设计不仅展示了摄影师的专业知识和才华，还让观众对视频内容产生了好奇和期待。

性的同时，也需要兼顾封面的实用性，确保封面能够直接表达视频内容和主题。封面图片应当是高清晰度的，避免出现模糊或失真的情况，以便用户可以在看到封面时能够直接了解视频的核心内容。

短视频的特点是什么？传播度高，编辑成本低，时间价值高，它可以积累权重，积累粉丝。发布前我们还需要反复推敲画面中文字的位置和安全性，是上一点、下一点、左一点还是右一点，需要反复测试，最后还可以模拟上传，上传了十几个、二十几个之后观察一下，看一看首页排版怎么样，有没有震撼的感觉。上传了之后发现哪个地方不对还需要反复微调。怎么不花钱让你的视频号排名更前？以美食为例，我们发现有一些店铺用了原创菜品的图片，这些店铺往往会比那些用品牌标识的排名更靠前，背后的原理是什么呢？点击率，也就当短视频封面吸引了观众，点击率高了之后，系统会认为这个东西对用户的价值更高，所以说封面图片也可能是一个决定排名的重要因素。

# 3. 优化数据，提高权重

对短视频内容创作而言，数据反馈可以让我们以最小的投入找到正确的创作方向，在真正懂得用户的前提下，创作出用户喜欢的作品。短视频的数据反馈循环模式为内容—创作—反馈—需求—新内容。短视频的评价机制通常包括四大维度：完播率，点赞量，转发量，评论量。（如图9）具体如下。

（1）完播率：理解完播率至少有三个维度，一个是时长，一个是进度，一个是领域。一个5秒钟的视频完播率会不会很高？搜一下爆款视频，时长5秒钟之内的一个都没有。完播率一定要有时长维度的。5秒的完播率和50秒的是完完全全不同的，你看完5秒很容易，看完50秒就很难，而且时长每增加一点，难度都会指数级地上升，所以视频长一倍，完播率权重可能不止高一倍，可能会高两到三倍，甚至更多。同时，完播率要参考同一领域，知识类的视频与搞笑类的视频，指标是不同的。通俗来讲就是，同一赛道去比拼才有意义。

（2）点赞量：指观众为短视频点赞的数量，反映了观众对短视频内容的认可程度。这些数字可以反映出观众对视频的情感反应和参与度。如果视频的点赞和评论数很高，说明观众对视频内容感兴趣，并且有很多人愿意与其他人分享他们的看法和评论。为什么点赞量很低？排除内容差，不值得点赞的部分，我们还需要时间与策略。我们可以把内容分为两块。一块是泛化内容，是用来突破新粉；另一块是精准内容，用来稳固IP。用泛化内容去破圈，用精准内容来稳固IP人设。20%的视频就可以贡献80%的粉丝。那么一个90分的作品，能否等于两个70分的作品？不是，一个90分的作品等于100个70

分的作品，这意味着内容的深度远远比内容的数量重要。

（3）转发量：指观众将短视频分享到社交媒体平台的次数，反映了短视频的传播效果和受众范围。转发量越高，表示短视频的传播效果越好，也说明短视频制作得越成功。如果视频被大量分享，说明观众觉得视频很有价值，

并且愿意将其分享给其他人。这些分享和传播还可以增加视频的曝光率和影响力，从而进一步扩大视频的受众群体。

（4）评论量：指观众对短视频进行评论的数量，反映了观众对短视频的反馈和意见。评论量越高，表示观众对短视频的反馈越积极。根据反馈数据可以来评估视频能否吸引新用户、提高

图9：数据来源：灰豚数据&巨量算数，2023年1月1日—6月30日。这里的完播率是指视频内容观看中完整观看视频的比例。互动率指视频内容观看中有转发、评论、点赞行为的比例。由此我们可以看到互动性最高的视频集中在15—30秒时长的。

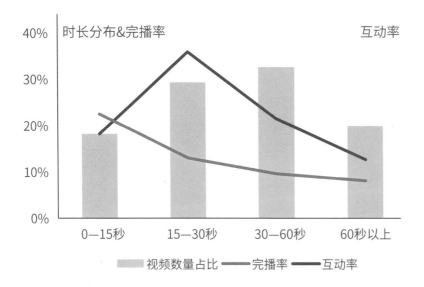

图9

图10：小红书的笔记按类型可分为视频笔记和图文笔记。灰豚数据选取了2023年6月26日—7月3日一周中，彩妆、护肤相关的图文和视频笔记各1000条。基于这些笔记的数据，灰豚数据发现用户在不同品类中与不同类型笔记的互动行为存在显著差异：视频笔记点赞量更高，约是图文笔记的两倍；图文笔记互动率更高，约是视频笔记的三到五倍。

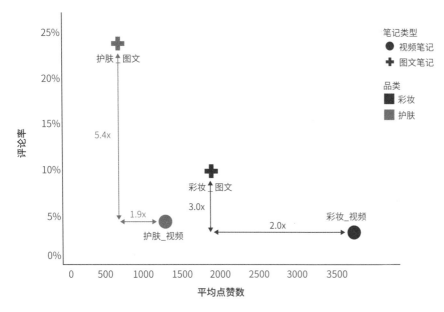

图10

品牌知名度、增加销售量等等。（如图10、图11）

这些指标通常是用来评估短视频的质量和受众反应的，不同指标在不同场景下有不同的重要性和作用。评价短视频指标的重要度在不同情境和目的下会因维度的不同而有所变化。

（1）目的和策略：短视频的制作目的和传播策略是决定权重的一个重要因素。例如，如果制作短视频的目的是提高品牌知名度，那么转发量可能是最重要的指标；如果目的是促进销售，那么完播率和评论量可能更重要。

（2）受众特征：不同的受众有不同的偏好和习惯，这也会影响到权重的设置。例如，对于音乐翻唱者，点赞量可能比评论量更重要，而对于教育类创作者，完播率可能更重要。

（3）视频类型和主题：视频类型和主题的不同也会影响到权重的设置。例如，对于一些趣味类短视频，点赞量和评论量可能更重要，而对于纪录片短视频，完播率和评论量可能更重要。

短视频是人们利用碎片化时间才会去刷的吗？播放时间与播放量有关系吗？数据显示，短视频的播放量与点赞数与发布时间密切相关。掌握好发布时间可以让更多的用户关注到，据统计显示，有60%的用户会在相对固定的时间刷抖音，而仅仅有10%的用户，会利用碎片化的时间刷抖音。下面将为大家介绍发布短视频的黄金时间段，也就是传说中的"两天四点"。（如图12）

"两天"就是周六和周日这两天。这两天是用户刷抖音时间最自由的两天，在这两天，你可以自由发视频。"四点"是指周一到周五的四个时间段。第一个时间段是早上的7点到9点，

图11：灰豚数据对彩棠和花西子两个彩妆品牌在2023年1—6月的小红书笔记做了聚类分析，只保留点赞量大于1000的笔记，颜色越红则代表笔记数量越多。图中用矩形圈出了几个笔记密度最高的区域，其中区域A为视频类笔记，从图表可以看出视频类笔记更受欢迎。

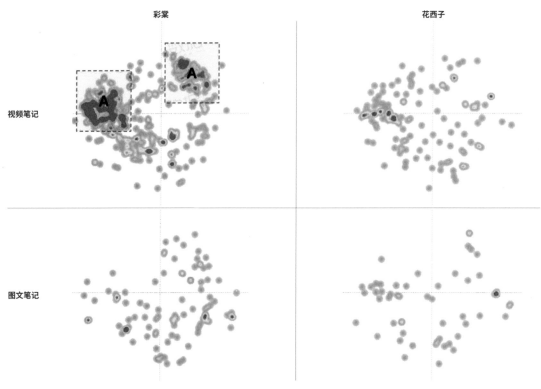

图11

这段时间很多人都刚刚睡醒，早上起来第一件事就是拿起手机刷一刷。"早上起来，拥抱太阳，让身体充满满满的正能量"这类打鸡血的视频是比较适合用户看的。接下来就是早餐时间，大家会刷一刷怎么做早餐，或者哪里的早餐好吃这样的视频。再接下来就是去上班的路上，这时候，如果觉得朝九晚五的工作有些枯燥，那励志的视频就正合适。第二个时间段是12点到13点，这个时间段正值午餐时间，可以利用这段时间刷视频、聊天，放松一下，沉浸在自己的小世界中，尽情享受属于自己的宁静时光。第三个时间段是16点到18点，这个时候很多人的工作到了收尾阶段，刷刷抖音消磨消磨时间。第四个时间是21点到22点，这个时间段是大部分人最放松的时间，在劳累的一天结束后，只想躺在沙发上玩玩手机，看看视频，心情也能跟着靓丽起来。只要把握好"两天四点"，发布合适的内容，相信短视频的观看数也可能有所增长。

同时，留言区也是短视频作者与观众以及观众之间交流互动的空间，如果把握好了，可以引起观众情感共鸣，成为吸粉的好机会。评论区就是我们与粉丝建立感情、维持感情的桥梁。具体我们采用如下方法。

（1）细致回应，抓住重点：在对短视频评论进行回复时，既要注意"量"，也要注意"质"。高质量的回复是建立在认真回复用户观点基础上的。如果回复与用户的评论风马牛不相及，用户会觉得你是在敷衍。因此，对于没有质量的回复，大部分用户不会买账。其中一种比较有效的方法就是针对用户评论中的重点内容进行评论。

（2）寻找话题，继续讨论：若用户对某些短视频中的话题不太感兴趣，运营者可以通过评论区来寻找话题，让更多用户参与到话题中，从而能够继续评论下去。在评论区寻找话题的方法有两种，一种是运营者主动创造话题，另一种是通过用户的评论挖掘新话题。当用户对某个话题普遍比较感兴趣时，可以将该话题拿出来，让所有用户共同讨论。

（3）语言幽默，吸引点赞：语言的表达是有技巧的，有时候明明是同样的意思，但是因为表达方式的不同，最终产生的效果会产生很大的差异。风趣的语言表达通常会比那些毫无趣味的表达更能吸引用户的目光，也更能获得用户的点赞。

（4）重视细节，转化粉丝：关注细节是成功的关键之一，在短视频的平台上，再小的个体也可以有自己的IP，也可以数量级的提升效率。

但是这些参数，不是唯一的指标，也不是那么简单。视频创作者真正需要关心的重点是人性，要创作出符合人性的作品才是根本。人性有哪些？第一就是感观，画面要舒服，音质要好。第二是情绪，你得激发欲望，给观众一个想看的点，得连贯紧凑没有任何一句废话，还得抖得出包袱来，一个接一个。第三就是价值，你要能解决一个具体问题或满足某种需求，传达有价值的内容，从而吸引和留住观众，并建立起与他们的紧密连接，获得更广泛的认可和成功。

两天：周六+周日
四点

7:00—9:00

12:00—13:00

16:00—18:00

21:00—22:00

图12

（七）

# 创作者与观众的合作：拼贴、超剪、混剪与交互

# （七）创作者与观众的合作：拼贴、超剪、混剪与交互

新媒体环境下，人们可以在方寸之间随时闯入影像的空间，流媒体化的视频促使观众抛去身体的物理束缚，作为主宰者把控着观影场所和观影进度，在屏幕前即可完成观赏仪式。人们不仅可以随时制定观看空间的法则，更是可以随意介入视频，对影像进行主观修改和颠覆性使用。

传统意义上，视频制作者通常是唯一的创作者，他们通过视频向观众传达信息。然而，在短视频平台，观众也可能成为参与者。有些短视频呈现出开放性的叙事结构，观众观看视频，感受视频创作者的意图和情感，通过评论、分享与创作者反馈和互动。参与式体验增强了观众的归属感，形成了一种合作的氛围。

创作者打破时间和空间的限制，将现成的片段和素材以非传统的方式组合和排列，利用超剪和混剪等技术，通过拼贴、解构等手段将素材进行组合和变换，从而呈现出丰富多样的效果。短视频创作者不再仅仅是信息的传递者，而是与观众建立起一种互动的合作关系。用户生成内容的崛起进一步增强了创作者与观众之间的合作性质，叙事方式更加多样化，情感共鸣更为深入，同时还带来了跨界融合和多元文化的特点。这种合作性的创作模式将短视频推向了一个更具创意、互动性和影响力的新境界。

# 1. 拼贴影像

"拼贴"（collage）起初指人们借助事物通过拼凑的手段，在原本的体系与含义里产生新的内涵。在文化研究中，"拼贴"意为一种即兴或改变的文化过程，客体、符号或行为由此被移植到不同的意义系统与文化背景中。拼贴影像是指从各种不同的场所中，收集、整理和编辑而成影像材料。这些影像可能来自各种不同的来源，包括电影、电视、广告、新闻。

拼贴影像是对既有影像的再发现，是对已完成的影像材料进行挪用、移置以超越原本的创作意涵、建构全新意义的影像生产方式。拼贴影像的发展经历了几个不同阶段。从 20世纪二三十年代以"革命影像"和"修正影像"的形式初具样貌，到 20世纪60年代伴随世界范围内的社会运动，当时的一些电影人开始收集和拼接各种不同的影像素材，创作出一系列极具创意和冲击力的影像作品，展开电影实验和前卫运动。再到20世纪90年代以"戏仿"的创作形态为基础，这些影像作品通常会涉及一些社会和政治问题，如战争、性别、种族问题等等，以独特的方式展现问题的复杂性和多面性，不断衍生出新的创作形式。如今拼贴影像则可以延伸为利用网络平台中的视频素材进行影像再创作，在同一文化背景下重组不同的视频素材，表达新的意义。（如图1）

在数字复制与媒介重组的时代下，各种历史档案、私有影像、教育

图1：这个影像作品利用拼贴的方式展现了不同职业的人共置在一个工业化时代，营造出一种怀旧的氛围。

图1

与商业化图像触手可及，以拼贴方式创作的短视频愈加成为颠覆主流话语形态与电影规范的替代物，挑战了被主流的影像书写方式排除的历史文本残片的再发掘与再使用。任何人都可以使用视频编辑软件来收集和拼接各种不同的影像素材，制作自己的短视频作品。其创作方式非常自由和开放，通常不受任何约束和规范。

混剪、超剪等技术形式动摇着既往线性叙事的主流地位，对"已完成"影像的挪用、移置与重组，不仅迸发出回暖旧文化的力量，还使观众与作品之间发生了规模空前的互动。拼贴影像以其特有的生产模式打通了不同时空的影像文本，并对影像历史中被抛弃、否定、忽视的碎片化文本进行再创作。拼贴影像自出现以来不断在时代的召唤下呈现出多元的具体形态，它可以是对影像潜力的探索与实验，也可以在互联网媒介所赋予的能动性下展现出新的效用，这种开放性与创造性在数字时代下尤为显著。

早在2010年，国外出现了"影像拼贴"的纪录片创作。《浮生一日》（Life in a Day）是一部由全世界网民共同参与创作的视频，由英国电影制片人凯文·麦克唐纳德（Kevin Macdonald）执导，他邀请全球网民用影像记录自己的一天，以此为素材创作视频。视频的主题是"浮生一日"，意为人生如浮云一日。网民在2010年7月24日被邀请记录他们的日常生活并将拍摄的片段上传至YouTube，麦克唐纳德将这些片段进行了剪辑，最终制作出了一部完整的视频。《浮生一日》试图展现人们在短暂的时间内所经历的各种情感、经历和思考，从而反映现代人的生活状态和内心世界。影片的开头是一个全球性的镜头，映入眼帘的是各个国家的景象和不同民族的人们，旨在体现我们都是地球上的一分子，有着共同的情感和体验。接着，影片接入不同的素材镜头，展示每个人的一天生活。这些镜头涵盖了从日出到日落的一整天，包括吃饭、上班、上学、社交、娱乐等方方面面。在这些镜头中，我们能看到人们面对生活中的各种挑战和机遇。通过这样一个全球性的镜头和不同人们一天生活的片段，《浮生一日》让观众感受到人类作为一个整体的生活状态和情感变化，同时也展现了每个人独特的个性和生活轨迹。《浮生一日》的结尾，我们看到全球不同地方的人们在同一时间看着屏幕，对着镜头微笑或者表达自己的思考和情感，这是人类的共情和情感交流，也展现了视频创作的全球性和互动性。

2020年，《浮生一日》进行了一次升级，导演凯文·麦克唐纳德邀请人们捕捉疫情防控期间的独特时刻，重新探讨了相同的概念。麦克唐纳德再次邀请网民在2020年7月25日上YouTube提交他们的生活素材，他精湛地将提交的素材编织成一个连贯且发人深省的视频。2020年版的《浮生一日》捕捉了疫情防控期间日常生活的挑战和困境，但也捕捉到了我们的喜悦、爱和联系的时刻，展示了感人且有洞见的人类肖像，揭示了各种各样的人类经验和情感，表现了跨越文化、语言和社会经济背景的人类经验的多样性。（如图2）

图2：画面展示了2020版的《浮生一日》，展现了人们平凡的一天，其中蕴含了许多非凡的瞬间。特别引人注目的是画面左下角展示的场景，在大厅的电视机上播放着10年前2010年版的《浮生一日》。画面中展示了儿子睡懒觉的一个场景。而10年后，儿子因为新冠离开了人间，如今怀念爱子的母亲只能通过录像来追思过去的一切，催人泪下。《浮生一日》是人类在逆境中的韧性和创造力的证明。

## 2. 超级剪辑

自疫情爆发以来，有些公司几乎在一夜之间发现自己现金短缺。他们需要迅速传达信息。基于社交距离的原因，广告公司无法拍摄新的广告，所以他们整理了旧的录像，找到了能找到的最便宜的免版税钢琴曲目作为配乐，在一周内发布了一系列陈词滥调般的广告。这不是一个阴谋，但也许是一个迹象，表明是时候尝试一些不同于2020年前所有其他商业广告的东西了。有没有一种普遍的节奏？某种超越文化、时间和社会习俗的节奏？2008年，知名博主兼网络技术专家安迪·巴约（Andy Baio）和网页设计师里安·甘茨（Ryan Gantz）在一次头脑风暴中创造了超级剪辑（Super Cut）这一名词。对已有影像的再创作在万物互联的时代已然屡见不鲜，影像从胶片向数字的转化提升了影像的可得性，也消解了制片厂生产影像所具有的封闭性。

超级剪辑将大量不同的视频片段或镜头从不同的电影、电视剧、广告、音乐视频等源头中提取出来，经过剪辑和组合，形成一个新的视频作品，给观众带来强烈的视觉冲击和情感共鸣。这些视频片段通常都与某个主题、情感或元素、某种时代的文化符号相关联，通过剪辑的方式将它们串联起来，创造出一种新的视觉和感知体验。它可以用于表达某种主题、探索某种视觉风格、传达某种情感或幽默效果，或者突出某个艺术家或创作者的特定作品或风格。（如图3）

超级剪辑流行的时机与互联网的早期历史相吻合，在互联网上，版权的执行力度较弱，人们可以通过网络获取视频，并与其他人共享短视频，而且可以使用简单的工具（如iMovie和PR）来组装此类超级视频。超级剪辑视频的生产方式承袭了拼贴影像对宏大叙事与线性叙事的否定，使原本片段化的影像文本变得愈加破碎化，从而为解构原义，赋予新意义的主体化影像创作提供了更为广阔的技术土壤。（如图4）

图3："超级"表示视频汇编了某一特定主题的大量剪辑。创作者将他们认为的过去一段时间中媒体上出现的最精彩的时刻糅合在一起，主题可以是动作、场景、单词或短语、对象、手势或比喻。超级剪辑往往制造一种讽刺或喜剧效果，或者将一个冗长而复杂的故事分解成一个简短的总结。基于互联网快速检索的能力，加上易于上手的编辑软件，超级剪辑作为一种娱乐形式和剪辑术语传播开来。

图3

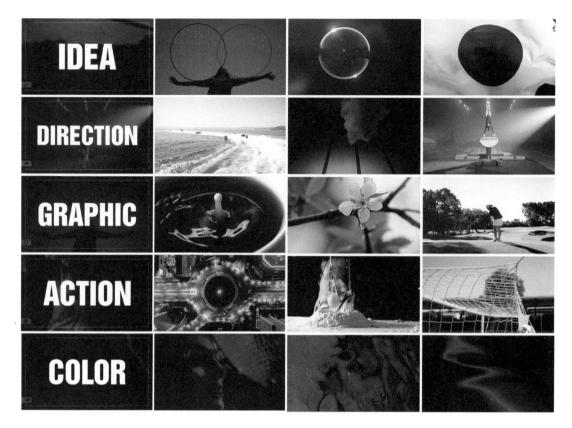

图4："Herman Huang"是一名短视频拍摄的专家，他在YouTube分享了大量宝贵的心得体会。他提出了超级剪辑主要通过观念、方向、画面、行动和色彩等方面进行实现。在观念方面，超级剪辑注重对视频整体概念的提炼，以便更好地传达主题或故事的核心概念；在方向方面，通过运用镜头切换、运动路径或视觉重复等方式，引导观众自然地跟随视频中的动作和情节发展，从而控制视频的节奏和风格；在画面方面，超级剪辑追求视觉冲击力和独特的构图，通过选择令人印象深刻的画面角度、颜色搭配和镜头运动等方式，提升视频的视觉吸引力和表现力；在行动方面，超级剪辑强调活动和节奏的紧凑性，通过快速的剪辑和节奏感强烈的音乐配合，营造出紧凑有力的节奏，使观众充分体验到视频的动感和活力；在色彩方面，超级剪辑注重色彩的运用和调配，通过鲜艳、对比或者温暖与冷静的转换等方式，营造出与视频内容相符合的视觉氛围，增强观众的情感共鸣。这样的剪辑风格通常紧凑而有力，通过快速的剪辑和连续的镜头切换来传递信息和情感。

## 3. 混剪

混剪，英文为mashup video或video mash-up，是一种将预先存在的视频资料以无显著关联的方式加以组合、统一合成的视频类型，包括电影预告片、同人视频（vids）、戏仿恶搞（YouTube Poop）等具体样式。混剪作为影像的生产形式出现于2005年，是互联网发展的直接产物。安迪·巴约在2008年4月的一篇博客中提到了混剪概念："混剪为视频梗的类型。超级粉丝从他们最喜欢的电视节目、电影、游戏的某一集中对角色语言、动作或老套剧情进行剪辑、收集，并将其整合为体量较大的视频蒙太奇。"混剪往往带着某种"揭秘"或"解谜"的冲动来展现作品，所有精妙设计都被平铺式地呈现在"短时间"和"高密度"的信息洪流之中。这种"压缩"尤其表现为对个别

"金句"的凸显。此后，混剪开始作为一种概念与实践方式而变得流行。

混剪的出现表明人们开始比较普遍地运用图像来抒情和叙事，对广泛传播的期待也优先于对原创的向往。混剪视频一方面存在着对原作的强烈依附，"复述"的冲动显示出强大的内驱力；另一方面又存在着对视觉、听觉媒介的重度依赖。混剪中的素材具有基础性地位，其媒介属性决定了混剪必须以图像为基本叙事单元，人类眼球所能接收的混剪就是无数张连续的图片，混剪的内部诸要素间存在着复杂的关系和内在秩序。在混剪视频中，原创的小说、电影、戏剧、音乐等传统艺术作品都遭遇了粉碎性的解体与重组。混剪视频中素材所能提供的"相似性"和"准确性"另有标准，讲故事的重要性大于画面的呈现，画面呈现的重要性又大于叙事的准确性。通常故事讲述的有效性位于第一，影音表达的必要性列于第二，形式表现的准确度则排在最后。（如图5）

混剪与超剪在某些方面具有很多共同点，有些人认为超剪从属于混剪，也有人将两者区分，认为混剪是由许多短片段组成的视频剪辑，这些短片段通常

图 5：疫情防控期间，这些品牌找出老的素材，拼凑在一起，告诉你我们生活在"不确定的时代"，但"我们在这里为您服务"。当下的首要任务是"人"和"家庭"，他们的服务将带给你家的舒适和安全。别忘了："我们都在一起！"

图 5

来自电影或电视节目。超剪通常是为了展示源材料中的一个重复主题或基调，例如特定的短语、动作或视觉元素。这些剪辑通常按照特定的顺序排列，以突出它们之间的相似性或差异，并为主题提供新的视角。本文暂且将两者区别，但归其本质都为"再生影像"。

## 4. "再生影像"的美学特点

作为视觉媒介的产物，混剪与超剪基本取消了视觉媒介的语法。"再生影像"完全依靠不同镜头的拼接，剪辑被降格为简单的画面拼贴，长镜头自然就彻底不存在。"再生影像"高度强调对图像的运用，丰富的图像是混剪与超剪得以存在的前提和基础。"再生影像"具有如下的美学特点。

### （1）量级素材

在数量上，不同量级的素材储备直接催生不同类型的混剪，需要创作者寻找各种音频视频素材进行再创造。素材的来源通常参差不齐，人物、场景、风格等会出现各种前后不一致。这说明，当剪辑本身仍具有浓厚的手工业色彩时，素材的量级仍然是制约混剪创作的极其重要的因素，有限的素材使剪辑难以具备类似影视工业产品那样的统一性。相应地，如果素材相对丰富，甚至达到足够覆盖混剪或超剪需求的程度，剪辑所显示出的一致性就得到增强。

### （2）标准化流程

寄生于互联网的"再生影像"看似随意，却绝非全无标准。作为一种生产工具、生产流程高度标准化的产物，它严格地遵守了各种软件和硬件标准，如文件格式、输入输出命令、传输协议、使用许可等。这些标准通常处于互联网艺术生产的底层，往往不为人所注意。看似表现芜杂的"超级图像"目前仍然是一个"统一场"的产物。

### （3）情感共鸣

由于传播媒介的差异，网络平台上播放的混剪与超剪视频通常只有很短的时长，为了让作品能够快速、配合抒情性的旋律，具有相同指向性的画面通过相似性剪辑组接在一起，同类镜头的高度累积增强了受众的情感共鸣。后期配音、背景音乐高度适配，毫无关联的元素通过蒙太奇意外"同框"，创作者在对原作品进行再生剪辑时，短时间内集中展示了大量的片段，可以给观众带来强烈的视觉冲击和情感共鸣。

### （4）信息之"富"

传统的艺术创作都可以化为素材，所有素材根据需求拼接为"再生影像"。短视频成功与否的衡量标准之一是网络"流量"，而流量又直观地表现为"点击率"和"点赞数"。在利用混剪与超剪技术的短视频标题中，原标题和原作者通常都位居显赫位置，为了极力提高信息密度或丰富度，混剪与超剪往往会强调视频长度之"短"，同时又非常注意宣扬其视频信息之"富"，

图6：2014年马克·朗森（Mark Ronson）发行*Uptown Funk*，该曲成了全球范围内的热门单曲，在各大音乐排行榜上取得了巨大的成功。上图展示了该乐队的MV。下图展示了名为"WTM"的YouTube账号混剪的该MV。他们从电影中提取了100个舞蹈场景，并按照马克·朗森的*Uptown Funk*的旋律将它们穿插在一起，所有场景都与节拍完美相关，看到这么多不同风格的舞蹈都能与歌曲完美结合，让人十分震惊。

图6

"XX 分钟速读 XX"是其惯用句式。文本不再呈现为复杂的结构、极尽琢磨的修辞和精微的隐喻，而是表现得更加直白急切。（如图6）

"再生影像"通过拼贴、解构和累积等方式改变了单一媒介意义的相对固定性，推动了意义的高速流动。在混剪与超剪短视频创作中，具有几点技巧可以应用。

### （1）影像踩点

可以将画面中被摄主体的动势最大处与音乐的重音或节拍点对应在一起，达到画面节奏与音乐节奏的精准合拍。这一配对操作看似机械呆板，却形成了视听感知与心理节奏的双重同步。在超剪与混剪视频剪辑节奏越来越快的创作趋势下，踩点也日益成为创作者在剪辑技术上的一种自我证明。（如图7）

### （2）内容对应

设计师借助于画面内容对音乐歌词的形象图解，在解构经典场面的同时，通过口型巧合、形象错位营造出一种喜剧效果，这种匹配方式产生了声音之于画面的"增值"效果。在声画同步的情况下，混剪视频往往截取同一作品的影像及其对应音响，借助"同步整合"原理在视觉与听觉之间建立起一种即时性的绑定关系，使得那些稍纵即逝的动作画面因声音的定位而不至于被观众的眼睛错过，从而产生了强烈的视听记忆。

### （3）情感连接

如果前两种技巧是把音乐作品作为灵感之源的话，那么情感连接则更多是为剪辑主题找到情感上的连接，在视觉与听觉之间达成一种内在形象的同步性，从而引起视听感官的情感共鸣。

图7：After Effects软件中Beat Assistant插件提供了影像踩点技术。该插件可以侦测音乐的频率，然后根据节拍为指定的层（可以是图形、文字、视频）设置入点，这样就可以轻松实现画面与音乐的同步。

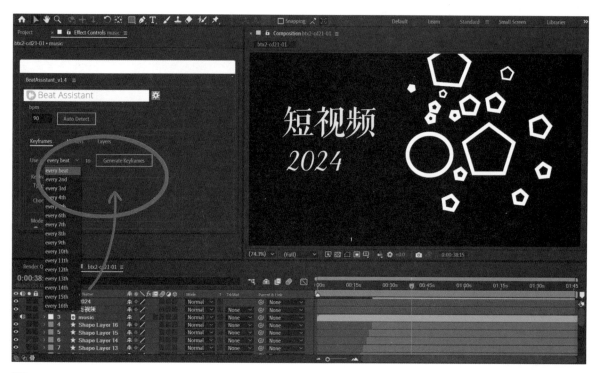

图7

图7

## 5. 制造互动，创作潮流

如今，视频制作技术已经很发达了，一个视频的价值不再取决于它的技术含量，而是它能对我们的生活产生什么样的影响，与观众产生什么程度的互动。一些短视频创作者对已有的影像进行发掘、重访、挪用、拼贴与重塑，其创作意图与原作全然不同。同时，短视频的文本向观众敞开，这意味着作品永远处于生成之中，最大限度地容许个人化表达，与制片厂体系下生产的"完成式"作品不同，我们把这样的短视频称为交互视频。交互视频的诞生具有时代意义，孕育和催生交互视频的互联网，将创意和互动奉为圭臬，而这两样正是流行文化现象最好的温床。交互视频将观众从被动的观看者转变为参与者，使观众能够对故事发展和结果产生直接影响，也赋予了观众探索、选择和决策的能力，使观众能够根据个人偏好和兴趣定制自己的观影体验。交互视频打破了传统线性叙事的限制，为观众提供多条故事路径和不同结局的选择，并提供了参与式的观影体验，增强了观众与内容之间的情感连接。交互视频的出现挑战了历史学家对电影史一贯的主流书写方式，也颠覆了我们对"工业化"电影的界定与认知方式。

很多流行的短视频其可塑性都很强，它们之所以风靡，也得益于这种可塑性。一个视频比另一个视频更受欢迎的原因，往往与其艺术性或品质无关，而在于它是否能够最大限度地激发观众参与互动。在视频时代，我们不再被动地消费娱乐产品，而是主动让它们为自己服务。短视频引发的互动不仅连接了我们，还连接了我们和他人共同喜爱的事物。

可口可乐通过"分享可乐"活动在多个国家推出了个性化定制的可乐瓶，并将人们的名字印在瓶子上。这一活动旨在鼓励个人购买印有自己或他人名字的可口可乐瓶，以建立积极的品牌联想。通过利用社交媒体和话题标签，可口可乐进一步发动用户生成内容的力量。人们被鼓励分享自己与个性化可乐瓶相关的经历和故事，从而形成话题。这些用户生成的内容为可口可乐提供了免费的宣传，因为人们在社交媒体上分享他们的照片和故事。这种个性化和社交分享的方式增强了消费者与品牌之间的互动和共鸣。（如图8）

从广告诞生的那刻起，它就是其所处社会文化的一种反映，视频时代的广告也是如此。大多数公司没有能力创造具有自己公司特色的娱乐营销，它们不得不寻求其他途径接近消费者——通过短视频引出一个有意义的话题，然后和观众一起探讨，从更为个人化的层面吸引我们的注意。过去，公司和品牌主要通过砸钱买广告位与消费者进行有限的交流。现在，视频时代开启了一个无限宽广的网络平台，品牌纷纷建立自己的短视频频道，开通自己的社交媒体账号。公司及品牌用来与消费者沟通的平台，和消费者之间用来相互沟通的平台已经合二为一。当一个品牌拥有讨人

喜欢又有亲和力的社交媒体平台时，它便完成了赢得消费者注意力的第一步。消费者将对这些账号发布的内容有所期待，发布的视频与文字越真诚，越能引起消费者的情感共鸣。

多芬（Dove）品牌制作了一系列社会实验短视频和纪录片，探索身体形象、美丽标准和自尊的话题。这些视频通过真实的故事和体验向观众传递积极的信息，促使人们反思和讨论相关议题。

其中《真正的美丽素描》探讨了他人如何看待我们和我们如何看待自己之间的差距。短视频展示了由美国联邦调查局培训的法医艺术家吉尔·萨莫拉（Gil Zamora）为每一位女性绘制两幅肖像：一幅是基于她自己的描述，另一幅是使用旁人的观察。结果令人惊讶……（如图9）

一些问题出现了：我们真的需要一家销售女性用品的公司来为性别平权问题摇旗呐喊吗？或者让一家饮料公司唤

图8：可口可乐品牌活动结合了个性化、社交媒体的互动营造出独特而具有互动性的营销体验。它不仅推广可口可乐品牌，还促进了个人之间的联系和分享。

图9：视频中吉尔·萨莫拉与一些女性进行了肖像绘制实验。每位女性首先描述了自己的面貌特征给吉尔听，吉尔根据她们的描述画出了第一幅肖像画。接下来，吉尔请这些女性的朋友对她们的外貌进行描述。根据朋友的描述，吉尔画出了第二幅肖像画。当女性看到自己的两幅肖像画时，她们常常会被第二幅肖像画感动，因为它通常基于她们自己描述的第一幅肖像画更加积极和美丽。这揭示了一个重要的发现：女性对自己的外貌存在着负面的片面观念，而周围的人则更客观地看待她们，并给予了更积极的评价。通过这个实验，视频传达了一个强烈的信息：我们常常过度批判自己的外貌，并忽视了其他人对我们的积极看法。视频启发了人们要更加自信地对待自己的外貌，并意识到自己真正的魅力。

图8

图 9

起我们对生活的热爱？厂家不是应该专注于制造好的产品，然后告诉我们它们好在哪里吗？如果我们试图设计新的行为而不是新的产品呢？（如图10）

许多品牌都试图利用爆款视频进行营销，利用互联网的社交平台，拉近产品和观众的距离，从而引发观众的共鸣。它们脱下了广告的外衣，吸引了更多的受众。有些企业不仅炒热了产品，有的甚至还建立了品牌效应。一些公司在这条不寻常的道路上越走越远，它们进一步推动娱乐与广告之间的结合，甚至引发人们重新定义广告，耐克这段1分钟左右的短视频，没有恢宏的场景、大牌的明星、煽情的话语，非典型耐克广告宣传片。它聚焦于我们生活中平凡甚至弱势的人，镜头直击人心，（如图11）正如这则广告词展示的。

伟大，只是我们编造出来的。
我们一直认为伟大是为那些少数的上帝的宠儿准备的。
比如：天才、超级明星。
剩下的我们只能在一旁干看着吗？
你可以忽略这些。
伟大从来都不是天注定的。
也不是什么罕见的东西。
伟大不会比呼吸更特别。
我们都能做到。
我们中的每一个人。

**发现你的伟大。**

图10：宜家通过这部短视频《如果……会怎样》，将介绍宜家是谁，代表什么，我们相信什么。

图11：视频以鼓励人们追求梦想和克服困难为主题，展示了一系列具有挑战性和激励性的场景和故事。耐克广告通过与社会问题联系在一起，引发了广泛的讨论和共鸣，进一步推动了品牌的影响力。

图10

图 11

《鬼娃的袭击》（*Devil Baby Attack*）是一段在YouTube上广受关注的视频，曾一度进入了浏览量排行榜前十，成为人们热议的话题。这段视频展示了一个被遗弃在闹市区的婴儿车，引起了路人的极大兴趣和注意。该视频以一种非常吸引人的方式展现了惊悚与幽默的元素，给观众带来了强烈的震撼。视频中的婴儿不仅面目狰狞，还能口吐液体、发出尖叫。好奇的路人纷纷上前一探究竟，无一例外收获了惊吓。摄制组把这些镜头剪辑成了2分钟的视频放到网上，立刻走红。该视频实际上是"智动传媒"（Thinkmodo）

公司为即将上映的电影《恶魔预产期》（*Devil's Due*）造势而制作的宣传片。这段视频呈现的不是典型的广告形式，更像是一个充满创意和未知体验的视觉作品，因此媒体对它非常感兴趣并纷纷报道，从而大大增加了它的曝光率。这种独特的短视频形式让知名博客们忽视了其背后的推销目的，纷纷讨论、转载和分享，帮助这段视频获得了更广泛的关注度和受众群体。（如图12）

这些例子展示了一些利用互联网平台、图片和视频进行营销的品牌活动，通过引发观众的共鸣和情感回应，进一步加深了观众与品牌之间的联系和认

图12：这段视频呈现了一个设计精良的遥控婴儿车，它能够自动行驶，并且里面放置着一个五官狰狞的仿真婴儿。当路人接近时，工作人员会使用遥控器将这个"婴儿"从车里弹出来。这个作品给人的感觉更像是展示疯狂道具的视频，而不是传统的广告形式。这种非常规的呈现方式充满了创意和惊喜，让观众感受到了一种前所未有的体验，使得这段视频在网络上迅速传播开来，成了热门话题之一。

图12

图13

同。这种创新的广告形式不仅吸引了更多的受众，还赋予了广告更多的故事性和情感性，引发人们对广告重新定义的思考。此外，品牌还可以利用增强现实（AR）滤镜功能创造与品牌相关的互动体验。例如，汉堡王在社交平台上推出了一个AR滤镜，用户扫描AR滤镜后可以使用虚拟的汉堡王皇冠，并与虚拟的汉堡互动。这种互动形式增加了用户的参与度，同时提高了品牌的知名度。（如图13）

英国艺术家卢克·特纳（Luke Turner）和芬兰艺术家娜斯塔·拉珂（Nastja Säde Rönkkö）联手拍摄了短视频作品#INTRODUCTIONS，这件作品在网络上引起了极大的反响。作品

的创意来源是：伦敦中央圣马丁艺术学院的150名学生毕业典礼之前提交一段不超过100字或朗读时间不超过30秒的文本，文本或诗意，或抽象，或文艺，学生自选，但必须融入自己的思想和见解。根据计划，毕业典礼那天，一位演员将在洛杉矶的一个演播室直播学生的毕业感言。演员会站在一块绿幕前，演绎学生提交的作业。而参加典礼的学生则在伦敦实时收看视频，并且可以通过电脑设备，一边看一边恶搞直播视频。

卢克·特纳与娜斯塔·拉珂找来了自己的老搭档——《变形金刚》的男一号希亚·拉博夫（Shia LaBeouf）演绎学生的毕业感言。他在一天之内录制了36个视频，有静静的呼吸，有阅读，还有

图13：汉堡王门店里的墙贴也可以使用AR扫一扫，看看野蛮人之王如何为你火烤汉堡肉饼的。

145

朗诵诗歌和广告文本。其中有一段台词引发了网络热议，因为希亚·拉博夫慷慨激昂地咆哮了起来："让梦想照进现实！去做吧！……即便别人放弃，你也绝对不能！绝不！你还在等什么？！去做啊！"

绿幕背景的设定原本就是为了方便学生恶搞视频，这正中世界各地的混音爱好者的下怀。几天之内，就有数百个改编后的粉丝版本出现，其中不乏趣味十足又创意满满的佳作。在名为《抱歉拉博夫，我恐怕做不了》的视频中，拉博夫对着《2001太空漫游》里虚构的超级电脑大吼大叫，因为根据电影剧情，超级电脑无法打开救生舱。多位模仿拉博夫演讲的人上了视频榜单，拉博夫的咆哮无处不在。观众和他们的情绪与反应也是作品的一部分。事实上，没有观众的反响，作品就完不成。所有参与者都成了艺术家。拉博夫在演绎原版时并未特意搞笑，原作在经过广大群众的创造与想象之后，才焕发出幽默感，以至于"拉博夫的咆哮"形成了一种特殊的文化现象。

事实上，"拉博夫的咆哮"流行文化现象不就等于一个极大混音吗？这个大混音的走红揭示了一种新创作形式的巨大潜力：参与某个主题创作的人越多，这些视频越有可能形成史诗级的恶搞艺术。如果你单看一个拉博夫咆哮的恶搞视频，可能感觉云里雾里，但如果连看六个不同作者的作品，会明白笑点所在。这些视频同时也向我们说明，在视频时代，人人都可能成为艺术家。（如图14）

除此之外，还有一类交互视频，观众可以通过点击屏幕上的选项或按钮来做出选择，每个选择都会导致故事发展到不同方向。这些不同的选择可能会影响角色的行为、剧情的发展、结局的走向等等。观众可以根据自己的喜好和判断力来选择，并亲身体验不同的剧情走向。这种交互式选择结局的短视频可以增加观看者的参与感和娱乐性。观众们可以充当决策者的角色，决定故事的发展轨迹，享受探索不同可能性的乐趣。这种互动性使得观众更加投入，有更多主动性参与到视频内容中来。交互式短视频的选择结局形式可以应用于各种类型的故事，包括悬疑、爱情、冒险等等。它们可以让观众沉浸在一个交互式的虚拟世界中，与角色一起决定他们的命运。（如图15）

随着传统观看场所、行为方式的改变，受众完成了由"观众"向"用户"身份的转变，在新媒体技术的加持下，用户生产内容的趋势愈加明显，这也间接昭示了新媒介用户的活跃度。观众作为个体用户的分享欲、表达欲不断增强。网络视频的价值不一定体现在其内容之上，而在于这一新的传播方式为人们提供的新的互动方式。人们通过短视频的互动，不仅创造力提升了，互相之间的沟通层次也在加深，朝着更个性化的方向发展。这一切又反过来回答了"我们是谁""我们关心什么"等重要议题。互联网传播环境下，粉丝不再被动地接受，而是深度参与到媒体产品的生产和消费中，直接地推动媒介内容、形态的变化或迭代。

bilibili 创作中心　☐ 主站

在bilibili星球的第1175天 ＞

🔒 投稿

⌂ 首页
📑 内容管理　∨
☑ 数据中心
👤 粉丝管理
💬 互动管理　∨
💰 收益管理　∨　NEW

☐ 创作成长　∧
　任务成就
　创作学院
🏳 创作权益　∨
👥 必合协作　NEW
🏛 创作实验室
📋 社区公约

视频投稿　专栏投稿　互动视频投稿　音频投稿　贴纸投稿　视频素材投稿

**文件上传**（互动视频最多允许上传200p视频，推荐采用mp4、flv格式，可有效缩短审核转码耗时）　　　　(3/200)

📹　第一天　　　　　　　　　　　　　　　　　　　　　　　　　✓
　　上传完成

📹　第二天　　　　　　　　　　　　　　　　　　　　　　　　　✓
　　上传完成

📹　第三天　　　　　　　　　　　　　　　　　　　　删除　✓
　　上传完成

┼ 添加视频

**基本信息**　　　　　　　　　　　　　　　　　　　使用投编模版 ⓘ

视频封面设置（格式jpeg、png，文件大小≤5MB，建议尺寸≥1146*717，最低尺寸≥960*600）

封面模版
上传封面　裁切修改

可选择以下封面，查看更多封面

*类型
　⊙ 自制　　转载

*标题
Blue Dog　　　　　　　　　　　　　　　　　　　　　　8/80

*分区
生活 → 日常　　∨

*标签（使用活动标签即可参与活动）
互动视频 ×　美食 ×　生活记录 ×　记录 ×　原创 ×　按回车键Enter创建标签　　还可以添加5个标签

推荐标签：　风景　　美食　　爱情　　生活记录　　情感　　记录　　小姐姐　　助眠　　原创
　　　　　　旅游

立即投稿　　保存模版

---

‹　Blue Dog　↶ ↷　　　　　　☀ ⊕ 100% ⊖ ?　　　　　▶ 🕐　自动保存于 18:53　提交
　　　　　　　　　　　　　　　　　　　　　　　　　　　　　　　共 4 个剧情模块

**视频分P**　‹
　🔍
P1 第一天
P2 第二天
P3 第三天

A：点此编辑选项
P3　第三天　　　A：点此编辑选项
　　　　　　　　拖拽视频至此　＋

P1　请输入模块
　　　　　　　A：点此编辑选项
　　　　　　　拖拽视频至此　　A：点此编辑选项
　　　　　　　　　　　　　　创建剧情模块
　　　　　　　　　　　　　　创建跳转模块
　　　　　　　　　　　　　　删除子模块

开启高级功能
开启后可设置用于"选项-变多设置"中选项出现条件的数值

图 14：图中展示了 B 站创作交互视频的简单步骤。在制作之前要准备三段及以上的视频供观众交互，视频发展的逻辑线在"视频分 P"界面制定。

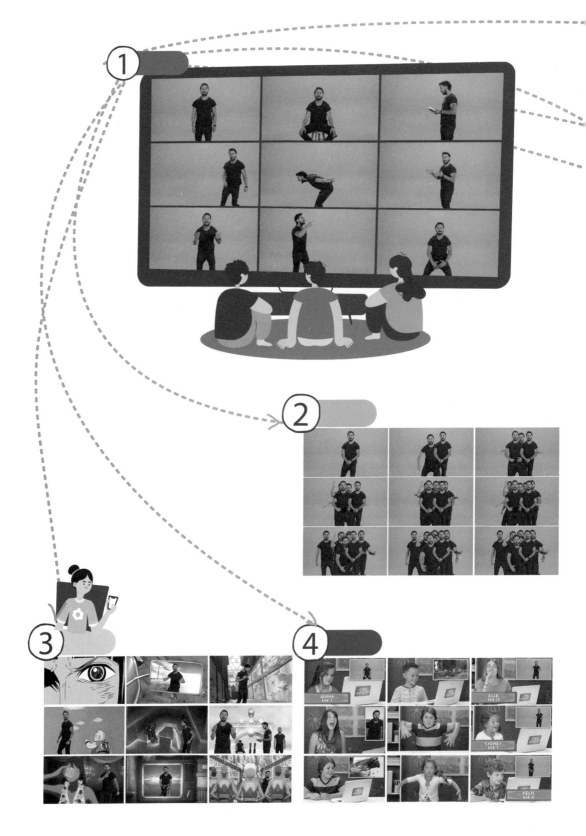

图 15

图15：图中①为希亚·拉博夫演绎毕业感言的原视频，图中②、③、⑤、⑥、⑦、⑧分别展示了网友再创作的拉博夫咆哮的恶搞视频，图中④展示了小朋友观看原视频与恶搞视频的不同反应。尽管原视频本身反响平平，但它真正的价值在于极具可塑性，网友很容易上手加上自己的创意，观众的反馈也成了作品的一部分。

# （八）
## 多元化的短视频案例分析

1.美食:从宏大叙事到人间烟火

2.时尚:传递文化的温度

3.运动:活力四射的身体之舞

4.新闻:与主流媒体交织的信息洪流

5.Vlog:探索未知的奇妙之旅

6.跨界:生态多元丰富的创新大熔炉

# （八）多元化的短视频案例分析

知识，直到它被应用之前，都不是力量。

——戴尔·卡耐基（Dale Carnegie）

　　作为新媒体时代出现的"内容＋影像"的综合表达形式，短视频以其娱乐化、平民化、轻松化的特点，迅速吸引大批互联网用户，成为势不可挡的新兴媒体。短视频在"火山爆发"式的增长后，将进入"细水长流"的长线应用。当消费者的需求越来越个性化，时间越来越宝贵的时候，我们不要试图做一个大而全的短视频博主。细分需求在市场营销中将人群划分为具体的画像，如男性、女性、老人、孩子等，每个画像都有不同的需求。这一现象在各行业中都普遍存在，只要行业持续发展，必然会延伸出无数细分市场，毫无例外。女孩子喜欢看美妆，男孩子喜欢看摄影，年轻的妈妈要看育儿，年轻的爸爸要挑汽车，中老年群体要看养生。因此，我们需要创造垂直门户，关注每一个细分领域，找到真正的痛点和关键需求。接下来我们来分析相关案例，看看他们是如何满足不同人群的个性化需求，以创造出更有吸引力和影响力的内容，并在细分市场中脱颖而出的。

# 1. 美食：从宏大叙事到人间烟火

俗话说："民以食为天。"吃处于马斯洛需求层次的最底层，是每个人都离不开的生存基础。美食是短视频创作比较热门的品类，从内容角度而言，美食主题可以分为三个方面的表达：某个场景化的饮食需求，细分人群的美食需求，以及体验式美食的感受。第一，某个场景化的饮食需求，指我们选择短视频创作清单时，要从大众在生活中具体的场景里找选题，比如减肥时吃的食物，生病时要吃的食物，熬夜时要吃的食物等。如果细分下去会有无数的选题冒出来，这是从垂直的角度解决用户场景化的饮食需求。第二，我们以不同人群的饮食需求作为创作选题的出发点，也可以找到用户真正喜欢的内容。比如，站在婴幼儿的角度考虑饮食需求，站在老年人健康的角度考虑健康餐，站在怀孕妈妈的角度考虑如何创作美食内容。当你以细分人群的方式考虑选题时，可以精准围绕目标用户的需求创作有针对性的内容。第三，体验式的美食感受，这类内容强调用镜头带着用户体验享受美食的过程，并对美食的整体感受给予评测，着重在"体验"两个字上，以新奇、新鲜、新颖为核心，以体验用户没有吃过的食物为首选，或者某地名菜的方式进行选题。总之，体验的过程胜过最后的吃完结果。我们来看看"滇西小哥"带来的体验式美食短视频。

"滇西小哥"，原名董梅华，是云南保山人。她于2016年回到家乡开始

创作云南美食类短视频，在短时间内取得了令人瞩目的成就。2017年，她签约了知名的MCN机构papitube，并完成了从UGC到PUGC的转变。2018年，她正式入驻YouTube，将田园牧歌般的中国乡村生活展现给海外观众。目前，"滇西小哥"已经拥有3000多万国内外粉丝。"滇西小哥"的短视频通过还原质朴自然的云南乡村生活，展示了独具一格的云南文化美学。与"华农兄弟"展现真实接地气的农村饮食风貌以及李子柒创造浪漫诗意的中华饮食韵味不同，"滇西小哥"深耕云南美食文化的传播，不仅向观众展示了云南优美的风景、特色的美食、质朴的民风，还展示了村民独特的生活方式。这种特别的创作理念让观众更加向往神秘的云南。尤其是从2020年4月开始，她的创作理念进行了调整，视频画面更加细腻，内容更具深度，风格也向着"记录"方向转变。

美食可以代表一个城市，凸显城市的人文精神，"滇西小哥"的视频内容还构建了"人情味"浓厚的场景，人与人之间、人与动物之间的交流与互动组成了一幅幅平凡朴实的乡村关系图谱，传递了友爱与温情。"滇西小哥"的视频呈现出一幅幅邻里和谐、家庭和睦的文化图景，与中国人自古以来崇尚的以和为贵、以家庭为中心的价值观一脉相承，唤起观众对家庭生活的感知，引发观众的共鸣。该系列大量运用远景和全景等空镜头来展现云南风光。视频

开篇多采用航拍大远景来展现云南自然美丽的独特风光，同时也交代食材生长的环境。除了远景和全景以外，"滇西小哥"的视频中运用较多的是特写镜头。在所有的景别中，特写是最能展示事物质感的景别，可以精细地表达事物的特点和人物的情绪。（如图1）

短视频平台对内容和风格的要求相当宽松，制作与上传的门槛也十分开放，这天然适于针对琐碎、日常的事件与活动进行叙事，也有利于推动用户参与美食视频的宣传。传统的一些城市宣传片，多是把城市放在从古至今的宏大叙事框架中，从自然风光到经济、人文无所不包，想承载与传递太多，却都只是浮光掠影。而网民自发拍摄的短视频，却是真正的人间烟火的蒸腾。从统计数据来看，抖音平台与城市形象相关的短视频中，36%的内容是城市饮食。这也说明，烟火气息，才是城市生活的本色，最容易形成口口相传和相互模仿的效果，在短视频等推动下，未来的城市形象传播或许会变得更丰富、更有人情味。

图1："滇西小哥"的视频开头通常有一段约15秒的主题简介。以《藕粉》为例，开篇是一个大远景展现环境，镜头随人物走动缓摇，通过三分构图法体现了天人合一的和谐之感；之后，通过中景和近景的切换，生动地描绘了挖藕的过程。接下来，镜头转移到近距离，展示了"滇西小哥"轻松自在的面容，同时展现了景深效果的迷人魅力。随后，通过两个近景和八个特写镜头，生动展示了莲藕的处理和藕粉的制作过程。最后，以一个中景的镜头呈现了压制藕粉的场景，从而完美地结束了这段短暂而流畅的视觉叙事。整个视频在短短的几分钟内巧妙地交代了"环境介绍—食材采集—美食制作和烹饪—美食成形"的全过程。

图1

# 2. 时尚：传递文化的温度

时尚已经超越了个人的服装打扮，成为一种整体形象和生活态度的表达方式。通过时尚，一个城市乃至一个国家的文化创造和精神活力都可以得到展示和传达。手机的智能化和网络带宽的提升为时尚主题的短视频构建了"随时、随地、随性"的传播可能。时尚领域经历了规模化兴起的大趋势，视频化形式的普及成了改变时尚行业格局的最大驱动力。

文化生态环境是指一个国家、地区和民族长期流传而形成的文化氛围，包括知识、信仰、艺术、道德、风俗、习惯等。时尚短视频的发展一定程度上受到时下文化内容的推动，同时又开辟了文化传播的新形式。欧洲消费品巨头联合利华旗下美容品牌"多芬"在2022年公布了名为"理想之美背后的真实成本（The Real Cost of Beauty Ideals）"的报告，这是迄今为止关于审美标准对美国经济和社会的普遍和负面影响的最全面评估。这项报告探讨了负面的审美通过对身体和外貌的双重歧视，对社会上的妇女儿童（最小从10岁开始）产生了无声的焦虑。多芬品牌的短视频《理想之美背后的真实成本》展示了对美丽的"狭隘而不切实际的定义"的真实成本，结果令人震惊。（如图2）

图2：数据显示，每年4500万美国人经历对身体的不满意，6600万人经历了基于外貌的歧视。严重的情绪、身体和心理健康影响早在10岁时就开始了。创作者试图通过短视频警示年轻人的身材自信和自尊问题。

图2

《100年美容史》（*100 Years of Beauty*）是在YouTube上非常流行的系列视频，自2014年以来已经推出了数十个视频，它展示了不同国家和地区的女性在过去100年的不同时期的流行发型和化妆趋势。这个系列的成功在于它能够将时尚、历史和文化有机地结合在一起，同时也吸引了广泛的观众，包括时尚爱好者、历史爱好者和文化爱好者。它也成了一个重要的文化现象，并激发了其他创作者的灵感。（如图3、图4）

图3：这个超级剪辑系列是由Cut.com创作的，展示了过去一个世纪来中国的美容趋势的演变。该系列中的每个视频在视觉上都令人惊叹，同时包含了不同国家的历史和文化。

图3

图4：视频《真实女性：透过时间看美丽的现实方式》让我们意识到，我们在照片、广告和时尚板上看到的美丽面孔和时尚只是现实的理想主义版本。如何展现真实的女性？创作者选取了特殊的历史时期，重新拍摄了不同时期的现实版本女性。

# 3. 运动：活力四射的身体之舞

体育运动主题的短视频创作零门槛使"人人皆为传播者"。在互联网平台的助力下，传播者能够通过发布自己感兴趣的内容引起受众的关注和认同，因此在大量传播者的共同作用下实现了多维度的运动知识共享。一是科普性运动知识的共享。二是娱乐性运动信息的共享，从而获得类似于游戏的愉悦体验。网络社交作为现代社交的主流手段，打破了时间、空间带来的局限性，运动主题的短视频以体育赛事等重大社会活动为契机，强化社会传播中的"向心力"营造，为创造社交话题、强化社会认同提供了无限可能。

"红牛"是一个以能量饮料著名的品牌，它通过在互联网上发布极限运动相关的视频，吸引了大量的观众和粉丝。这些视频展示了各种刺激的极限运动，如空中特技、滑雪、赛车等。这些视频展示了极限运动选手在极具挑战性的环境中表现出色的画面，不仅反映了品牌的活力和冒险精神，还与年轻人的兴趣和价值观产生共鸣，让观众将"红牛"与极限运动文化联系在一起，建立了强大的品牌效应。

如果你能把每一个转弯、每一条铁轨、每一次悬崖坠落、每一场比赛和每一个踢球者都联系在一次终极跑步中，会怎么样？马库斯·埃德尔（Markus Eder）在《终极奔跑》中就是这么做的！这是马库斯的代表作，发布于YouTube的Red Bull Snow频道，该作品融合了特写拍摄、大量技巧演示和山体巨大的落差。马库斯自2015年以来一直在设想终极跑步，在最终编辑的视频里，这可能看起来像是一项简单的任务，但对这个星球上可以说是最全能的滑雪者来说，意味着他将把当代自由滑雪的各种形式风格和技能提升到一个新的境界。

《终极奔跑》在瑞士采尔马特的高处拉开帷幕，镜头中的马库斯滑进了一片巨大的粉末中，仿佛进入了一个魔幻世界。他穿过公共汽车大小的冰川块，勇敢地从冰崖上跳下，然后优雅地滑入冰川腹部，一切似乎如行云流水般。接下来，他再次出现在他的家乡克劳斯贝格的上空，迎接着温暖阳光的拥抱。在当地的雪上公园，他与伙伴们一起畅快地滑行，欢笑声不绝于耳。然后他们返回野外进行更多特写拍摄，在雪地里尽情释放自己的激情。马库斯进一步探索了被雪覆盖的陶佛城堡建筑和矿业博物馆，迎接着密集鞭炮声的欢呼。夕阳西下之际，马库斯滑到了谷底，一切仿佛化作了纯粹的喜悦和肾上腺素的涌动。6年的梦幻滑雪在这10分钟里得以浓缩，他如同自由的鸟儿，尽情享受着这段终极奔跑的壮丽旅程。（如图5）

图5：《终极奔跑》花了90多天的时间在马库斯家乡的阿尔卑斯山完成拍摄。《终极奔跑》是马库斯的梦想项目，托比·赖德尔（Tobi Reindl）说："它也成为我们迄今为止完成的最大、最激动人心的项目之一。"《终极奔跑》是所有冬季运动爱好者的必看节目，从滑雪到单板滑雪，这段短视频会把"兴奋因素"推向历史新高，让您瞠目结舌。

# 4. 新闻：与主流媒体交织的信息洪流

短视频行业初期迅速崛起后，开始与主流媒体相互交融，逐渐呈现出主流化的趋势。新京报已经意识到转型的压力，也看到短视频所代表的未来趋势，时任社长在2017年《新京报传媒研究》提出"视频是新闻的终极表达，这是传统媒体转型的最后机会"，传统电视新闻"导语＋解说＋空镜"模式已经远远不能满足互联网用户的需求。他们除了要求编辑建立处理视频新闻的专业习惯，认识视频新闻的独特价值，强化专业意识；另一个重点就是探索如何让视频新闻互联网化，从具体的题材、时长、镜头语言、标题、字幕、同期声、环境声和音乐到发送时机、后续跟进、数据分析、便于转发性、激发评论等问题。为强调去电视化的特征，他们提出"十条军规"，比如"一个场景

一件事，网友不是看电视""现场视频才抓人，别拿空镜糊弄人"等，在报道节奏上，要求 3 秒进入高潮、60 秒让用户了解真相。 2019 年新京报和腾讯新闻合作推出的视频新闻项目"我们视频"团队规模扩大到100多人，日产量达到近百条，短视频流量长期占据各大榜单头部。"我们视频"自我定位的五个关键词：新闻、视频、移动、专业、人文。他们这样解释这几个关键词的含义：新闻首先要深耕社会、时政和突发新闻；视频，意味着不太可能人人成为"全能记者"，要专门人做专业事；移动的意义是强调考虑用户习惯，瞄准移动小屏的特点；专业指的是"我们"是一群人，"我们视频"要团队作战，要比 UGC 和自媒体更专业，用生产流程来保证质量；人文则意味着人是最高价

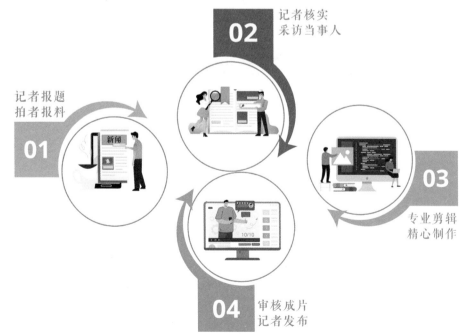

图 6：图中展示了"我们视频"的基本生产流程。

值，要关注人、尊重人。（如图6）

2020 年两会期间，新华社专门开辟"我们在现场·两会 Vlog"专栏，Vlog 短视频不再以单个作品的形式呈现，而是以系列报道的形式展现在观众的面前。这也说明主流媒体短视频的形态边界不断拓展，媒介融合程度不断加深。（如图7）

短视频作为一种从民间文化走向公共传播的媒介，始终以生活化为其基础特色。随着进入公共化传播领域，生活化仍然是其中基本的表达策略，并且以人为本成为其持久的文化基因。短视频行业的兴起也在无意中推动了主流媒体的变革，通过抖音等平台，来自普通网民的生活场景展现构成了一个真实的视角。重要的是，个人创作者能够展示自己的观点和经历，这些真实的、具体的个人表达，为主流媒体带来了更多参与性和共享性，逐渐改变了以往由权威机构主导的传统模式。这种融合激发了公众对多元观点的兴趣，促进了主流媒体的多样性和魅力的展示。短视频的兴起将传媒领域带入了一个全新的时代。通过生活化表达和个体观点的展示，它为主流媒体带来了更多的参与性和共享性，丰富了观众的选择和体验。

图7：图片展示的是新华社官方账号在B站的首页，按最多播放排序，我们发现《舒服了！2021外交部高能名场面混剪》短短2分钟的视频播放量很高，创作者挖掘了几百天的素材混剪了这段外交部的对话，得到了众多用户的共鸣。

图 7

# 5. Vlog：探索未知的奇妙之旅

短视频的崛起推动了日记书写的视频转向，由过去的"拍照片"变成了如今的"拍视频"，拥有技术和平台双重支持的视频博客，以镜头替代纸笔，成为更加适合记录事件、表达情绪和塑造形象的新型影像日记：Vlog（Video Blog）。Vlog 创作者被称为Vlogger。Vlog 大多以"自拍"的形式拍摄，主角多为Vlogger 本人，或手持相机营造第一视角，或面对镜头与粉丝对话，呈现出近似处于现实生活交流的视觉效果，为粉丝带来真实的临场感体验。

Vlog 表现的现实生活尽管琐碎，但涵盖范围极广，从一日三餐到运动健身，从逛街购物到学习打卡⋯⋯

凯西·奈斯塔特被誉为"Vlog之父"，他的短视频频道是YouTube有史以来发展最快的频道之一。他总是能打破常规，有所创新。之前，大家认为"日常博客"已经定型，通常是用成本较小的傻瓜相机随意拍摄创作者的日常生活。这种视频的优点在于体现个体，而非内容的创作价值。但是，凯西为Vlog进行了全新定义。凯西讲故事的能力也是现代大部分媒体无法比拟的。他将自己15年的生活经历、视频制作经验与独特的全球视角结合起来，创造出全新的、独一无二的、超凡脱俗的内容。此外，他的相机配置远超99%的博主所用的傻瓜相机或者手机。同时，他会剪辑视频，当大多数博主花一两小时剪辑视频时，凯西每期视频要花4到8小时，甚至更多。之前看起来奇奇怪怪的装置如今已经成为众多视频人梦寐以求的相机配置。（如图8）

Vlog在中国经历了本土化的过程。

图8：凯西·奈斯塔特在他的短视频作品《实现不可能》归纳了几种一般博主认为无法实现的视频创作任务，例如拍摄动作片，与总统合影，骑在飞毯上俯瞰纽约等，而凯西·奈斯塔特就是要反其道行之，帮助大家一起实现这些不可能完成的Vlog。

图8

抖音较早开启了战略布局，发布"Vlog十亿流量扶持计划"，发起"Vlog日常""Vlog 创作者挑战赛"等系列活动。快手也高度重视对Vlog的内容扶持，开放10分钟以内的视频权限。凭借视频时长的自由度和用户参与的活跃度，B 站在Vlog的发展早期抢占了先机，发起了"30天Vlog挑战""Be A Vlogger""理想生活Vlogger大赏""Vlogger星计划"等一系列活动，以激励博主创作。伴随着视频博客赛道愈来愈拥挤，流量的争夺对各类视频平台的生存境况至关重要。（如图9）

Vlog记录的是属于个人印记的影像，创作上不仅要体现个人属性，还要体现叙事性，切忌流水账。由于智能手机的发展，镜头已经不再是奢侈品。于是，很多人都能记录发生在身边的重大事件，通过这些镜头，我们可以记住每一个重要的历史时刻，还将改变我们与历史事件的关系。我们不再是远观者，我们与历史事件的距离被镜头大大缩短了。我们摇身一变，成为旁观者和目击者。一些人担心自己没有创作高质量内容的天赋，但天赋不是短视频创作的首要要求，诸如热情、激情、乐趣、教育性及与人互动的能力更为重要。实际上，他们中有很多人在生活中属于内向型性格，但是他们拥有创作的热情。如果你有足够的热情去帮助他人，有足够的激情去维持粉丝兴趣，你就准备好了。

埃里克·康诺弗（Eric Connover）想去环游世界，但是他囊中羞涩。于是他决定通过创作短视频来赚取旅行费。

图9：抖音、快手部分细分领域作者扶持计划。

图10：埃里克·康诺弗介绍了2020年世界上七个令人难以置信的旅行目的地，他通过创作短视频来实现自己的旅行目标。他的目标是通过真实的旅行经历和目的地推荐，激发观众的热情，并为他们提供有价值的信息和灵感。他的努力和创造力帮助他建立自己的品牌，实现自己的梦想并将其转化为职业。

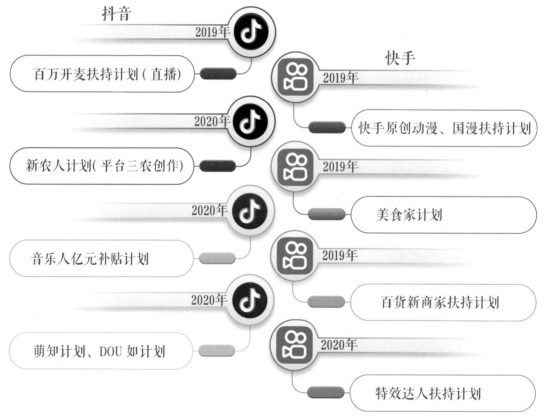

图9

图 10

埃里克知道自己不适合朝九晚五的工作模式，他想去环游世界，这便是他的目标与方向。他不想做恶搞视频，也不想拍喜剧小品，因为这些都不能鞭策他向着自己的最终目标前进。如今，他和世界各地的旅游公司合作，得到了世界500强公司的赞助，已经是一个拥有一席之地的旅行博主了。这就是明确内容所带来的力量。（如图10）

互联网的怀抱向所有人敞开，非主流视频的创作者也可以尽情探索自己的兴趣、实践自己的想法。人们常常会低估一些小众、冷门爱好的受欢迎程度，实际上这些爱好往往有着广泛的粉丝群体，只是散布在世界各地。原本只是迎合小众兴趣的Vlog，也有机会发展成为备受关注的内容，打造出自己的品牌，并影响主流观点。人类天生具有好奇心，通过互联网，我们不仅能满足对知识的渴求，还能共同创造未来。网络平台构建了一个庞大且有序的知识集合，对于人类社会未来的意义可能远远超出我们的想象。

# 6. 跨界：生态多元丰富的创新大熔炉

短视频以其跨界的融合特性，吸引了来自不同领域的创作者和观众，也促进了与其他行业的跨界整合，实现了多个行业之间的全面提升和相互契合，从而激发了活力，实现了双赢。在跨界整合的过程中，短视频可以享受到更加丰富多样的资源和内容，进而提升自身的品质和竞争力。同时，这种跨界整合也为其他行业带来了全新的发展机遇，通过结合短视频的特点，创造出更具吸引力、更优质的产品和服务。在这种合作模式下，短视频和其他行业形成了一种互惠互利、优势互补的关系，实现了1+1大于2的效果。

在创作有趣味的短视频内容时，受欢迎的内容往往是大众喜爱的，因此从大众感兴趣的角度切入，向用户展示他们可能没有注意到或不了解的内容，将会更具吸引力。有趣味的创作内容可以

通过跨界方式呈现，例如结合怀旧、搞笑和美食等元素。以"知青伙食团"博主为例，他创作了许多非常有意思的跨界作品。作品融合了怀旧情感、美食文化和搞笑元素，以一种极富艺术感的方式来呈现，给观众带来了全新的观影体验。（如图11）

通过将不同领域的元素融合在一起，创作者可以打造出独特而有趣的作品，吸引更广泛的观众群体。这种跨界融合不仅能够满足观众对多样化内容的需求，还有助于推动不同领域之间的交流和合作，创造出更多创新的可能性。"90后"的博主"大苏同学"喜欢收藏各种昆虫标本，与其他人收藏不一样的地方是，他利用生活中各种常见的材料制作栩栩如生的昆虫标本，然后再把一些齿轮、弹簧、金属等加入其中，顿时让这些昆虫标本有了二次元的感觉。他展示

的视频内容之所以受欢迎，是因为既满足了一部分用户对于昆虫的喜爱，还满足了对二次元的热爱。"昆虫＋二次元＋日常物品"知识的组合不是为了哗众取宠，而是站在自己擅长的领域，以趣味的方式传递价值。

因此，创作有趣味的短视频内容时，可以选择将跨界元素融入其中，例如结合不同主题、情感或领域，以创造出引人入胜、耐人寻味的作品。这种创作方式不仅能够吸引用户的注意，还能够为他们带来新鲜感和艺术享受。抖音账号"暴躁财经"是一位善于讲京片子的财经知识博主，博主以其暴躁的个性和生动的语言获得了不少粉丝。他成功地实现了在财经领域和娱乐领域的跨界融合，

图11：这部短视频的主题是介绍美食"清蒸鲈鱼"，知青打扮的男女主角们通过搞笑的情节和幽默的对白，在大山深处烹饪美食，给观众带来轻松愉快的观影体验。该作品成功地打造了一种全新的情感连接，勾起了人们对过去岁月的怀念和对家乡味道的思念。

图11

为观众提供了一种全新的学习和娱乐方式。何青绫则是专注于讲解金融术语的博主，她通过生动有趣的方式，让复杂难懂的金融术语变得易懂易学。同时，她还将家庭主妇做家务的经历巧妙融入讲解中，打破了传统形象对金融行业人员的刻板印象，为行业树立了一个新的形象。而"大能"则是一个独特的跨界博主，他以玩表为主题，与此同时他还有表演相声的才华。这种不同寻常的跨界形式吸引了不少观众的关注，也为跨界博主探索新的发展路径提供了参考。有一个修车的博主，他叫刘然，首先他懂车，其次他的演技出众，在他的短视频中，他巧妙地扮演两个不同的角色，展现出了出色的技巧和情感表达能力，使得视频生动有趣。同时，他还运用镜头语言、剪辑和配乐等手法，增强了故事的戏剧性和视觉冲击力。(如图12)

短视频的兴起和多样化扩展了我们对娱乐的概念，同时也促进了网络社区的形成和主题的涌现。种类繁多的短视频内容满足了人类更加隐秘和深层次的欲望，这些欲望一直存在，只是在传统媒体行业中被忽略了。短视频平台为大众提供了一个展示和表达自我的机会，记录生活和呈现个人才艺的舞台。短视频构建了个体自主表达和社会交流的新领域，但其中涌现出的"内卷"现象和追逐成名的"幻象"需要重新审视其意义。优质短视频并不排斥以"快感"和"愉悦"为形式的内容，然而，关注内容创作者的回归和平台内容生态的良性建设是未来短视频发展亟须解决的现实问题。我们需要思考短视频的意义和产生过程，并推动有价值、有深度的内容创作，更好地承担起反映时代精神、弘扬真善美、建设社会主义文化强国的时代使命。

图12：刘然的成功证明了通过跨界的方式可以打破传统的边界，创造出独特而受欢迎的内容，从而获得更多的关注和认可。

图13：图中展示了上海师范大学美术学院视觉传达专业学生近几年来创作的短视频作品，我们有机会成了短视频这种新兴交流方式的见证者和创造者。

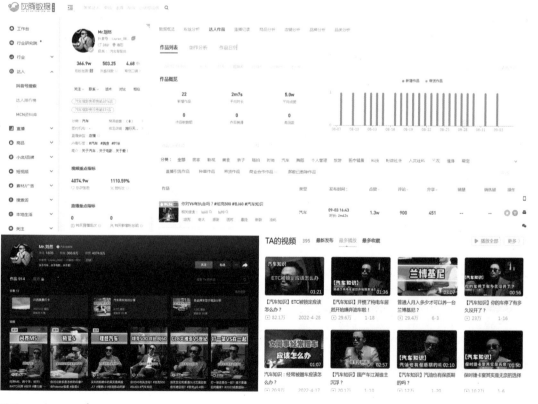

图12

图 13

**图书在版编目（CIP）数据**

短视频创作 / 倪洋编著. -- 上海：上海人民美术出版社，2024.1

（高等院校摄影摄像丛书）

ISBN 978-7-5586-2811-5

Ⅰ.①短… Ⅱ.①倪… Ⅲ.①视频制作－高等学校－教材 Ⅳ.①TN948.4

中国国家版本馆CIP数据核字（2023）第189003号

高等院校摄影摄像丛书

# 短视频创作

编　　著：倪　洋

责任编辑：朱卫锋

封面设计：赵　婕

版式设计：赵　婕

版面制作：黄婕瑾

技术编辑：王　泓

出版发行：**上海人民美術出版社**

上海市闵行区号景路159弄A座7F

邮编：201101

网　　址：www.shrmbooks.com

印　　刷：上海丽佳制版印刷有限公司

开　　本：787×1092　1/16　10.5 印张

版　　次：2024年3月第1版

印　　次：2024年3月第1次

印　　数：0001-2220

书　　号：ISBN 978-7-5586-2811-5

定　　价：78.00元